U0196169

中共上海市委党史研究室课题

上海

1976.7.28

救援

唐山大地震

上海中医药大学卷

何星海　主编

上海文化出版社

纪念唐山抗震40周年

谨以此书献给上海救援唐山大地震的参与者

《上海救援唐山地震·上海中医药大学卷》编纂委员会

上海中医药大学党史校史办公室编

主　编：何星海

副主编：刘红菊

编　委：（以姓氏笔画为序）

马俊坚　朱梅萍　刘　胜　刘红菊　江　云　李　升　陈　晖

邵红梅　季　伟　何星海　周　洁　郑　莉　赵晓军　赵震宇

姚子涵　虞　伟　蔡贞贞

欢送奔赴唐山的上海医疗队员

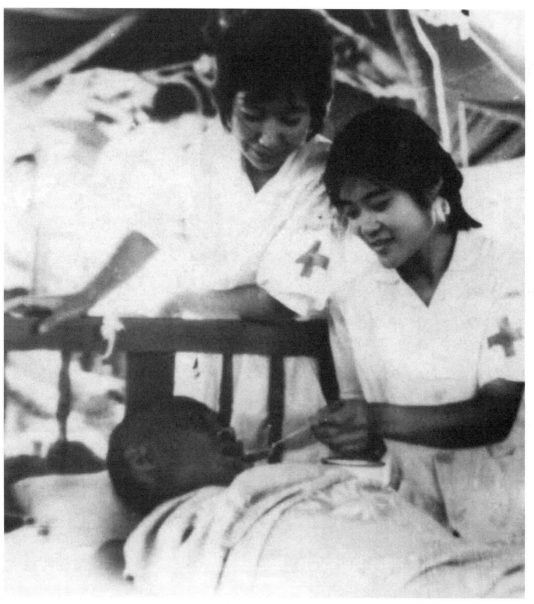

医疗队队员在帐篷内给伤员喂药

外出巡回医疗

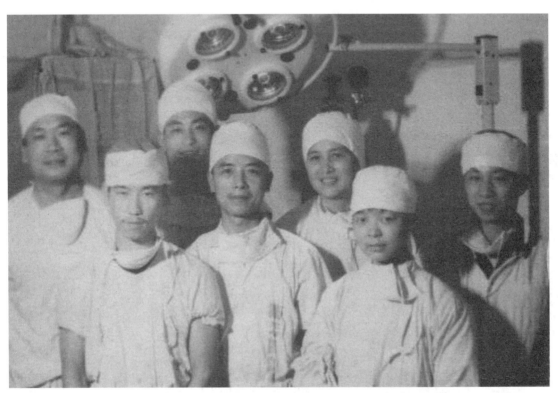

唐山简易手术室里合影

忙里偷闲，在抗震棚前

春节，在唐山

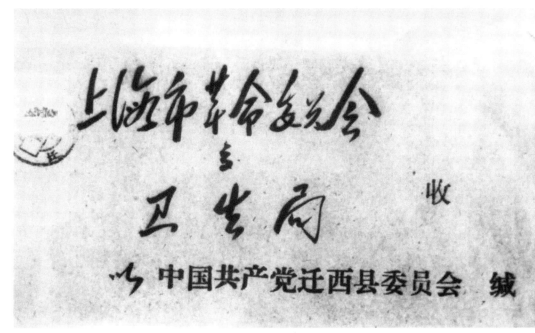

迁西抗震救灾指挥部给上海市革委会卫生局的信（信封）

迁西抗震救灾指挥部给上海市革委会卫生局的信（内文）

河北唐山迁西县委领导向第一批抗震救灾医疗队赠送锦旗

唐山人民欢送第一批唐山抗震救灾医疗队返沪

欢迎第一批赴唐山抗震救灾医疗队回校

前言

　　《上海救援唐山大地震·上海中医药大学卷》在参加编写的十几位同志的共同努力下，终于在2016年建党纪念日之前完稿了。回顾40年前的事并不是一件易事，更何况那些事发生在我们国家特殊的年代！

　　在中共上海市委党史研究室的统筹下，我们的工作分口述采访、史料汇编、队员名录、照片征集四个方面，涉及大学本部和7家附属医院。

　　在各方的大力支持下，学校召开了由各附属医院有关领导参加的会议，布置了任务。各医院党委制定了工作计划，将任务落实到科室，多次召开座谈会：或多人一起采访，或单独采访，不但完成了高质量的采访稿，还征集到不少珍贵的照片、实物。不少医疗队员还自发创建微信群，相互提供资料，并制作成微视频。

　　对于能否查询到当年的有关史料，我们心中无底，抱着试试看的心态，在学校的档案系统中输入"唐山地震"等关键词，我们竟然查询到了一本一百多页、尘封了40年的"上海中医学院唐山地震医疗队名单、总结、简报"资料，档案内容较为全面地反映了当时的中医大系统对唐山地震的救援情况。各附属医院档案史料少，甚至都没有，多少有些令人遗憾。值得一提的是，岳阳医院找到了当年医院珍藏的五十多页的"关于医疗队赴唐山地区抗震救灾工作汇报"。1976年唐山地震发生时，岳阳医院才建院半年，医疗队伍并不齐备，然而，在国家需要的时候，医院还是派出了医疗骨干前往灾区，并保存了相关档案，这大大出乎我们意料。一页页手写的档案，经过岁月的抚摸，不少都泛黄了，笔墨也在逐渐消褪，通过仔细辨认，我们筛选出清晰度较高的档案呈现给读者。

学校档案室珍藏了五十多幅珍贵的援建唐山老照片，限于当时的客观条件和社会因素，这些照片绝大多数都是医疗队员离沪和返沪时所拍，而真正反映救灾现场的照片，则少之又少，这不能不说是一大遗憾；幸好有部分队员提供了一些地震现场的照片，弥补了一些缺憾。我们还找到了当年的抗震救灾纪念章、水杯等实物，为我们下一步举办展览提供了素材。

整理医疗队员名单是一项枯燥又很重要的工作。本着尽可能不遗漏一名队员、不搞错一个名字的原则，编委会每位成员查询资料、走访职工、辨识手写字体，着实动了一番脑筋。比如学校档案室的赵晓军老师，他在校工作四十多年，利用专业及"人头熟"两方面的优势，辨析出很多音同字不同的人名。根据原始资料记载，当时学校系统派出了一百多人的支援力量；编委会成员经过多方努力和细致统计后，确定学校系统先后派出了三百多人次救援唐山。

我们收集到的史料一定是非常不全面的，但是我们记录了他们曾经的峥嵘岁月，见证了他们为国家、为人民无私奉献的精神。也许本书的出版，会再次勾起医疗队员的回忆，那么，我们期待下次再版时能整理出更多更精彩的回忆录，收集到更多有意义的史料、照片等。

本书的出版得到了中共上海市委党史研究室的大力支持和指导！感谢上海社会科学院历史研究所金大陆教授团队，得益于他们认真、专业、细致的指点，热心、及时的联络，我们的工作不但开展得顺利，还得到了上海乃至全国相关媒体的报道，引起较大的社会反响。

许多在校学生也曾参与采访整理工作，感谢他们的辛勤付出！

编委会

2016年6月

序

　　1976年7月28日，一场里氏7.8级地震瞬间摧毁了唐山市，造成二十四万多人死亡，十六万多人受伤。正是全国各地的无私援助，新唐山才得以迅速重建，而上海是救援力度最大的城市。从救援到重建，上海人民全方位的支持功不可没。其中，医疗救援冲在最前线。据统计，唐山发生地震后，上海卫生系统先后派出了56支医疗救援队赶往灾区。上海中医学院以及三家附属医院（曙光医院、龙华医院、岳阳医院）作为其中的部分医疗力量，先后派出四批近三百人次奔赴唐山救援。加上三所非直属附属医院（市中西医结合医院、市第七人民医院、普陀医院）派出的85名医疗队员，上海中医药大学系统共计有381人次参与了唐山救援。从第一批队员于1976年7月28日出发，到最后一批1977年8月返回，队员们经历了生与死的考验，有许多难忘的瞬间、动人的故事留存在他们的心中。

　　有队员回忆：第一批医疗队员从接到通知到出发不足24小时，队员们不顾个人、家庭困难，义无反顾地奔赴灾区。他们在随时可能发生余震的现场，冒着生命危险救死扶伤，在医疗设施简陋的情况下，克服重重困难，风餐露宿，甚至献血、忍受饥饿。他们不分昼夜地工作，把个人安危抛在一边，只为将伤亡损失最小化。

　　40年的岁月一晃而过，救援队员中的一些人已经永远地离开了我们；一些人年事已高；当时最年轻的队员，也都退休了。天灾固然可怕，但是在灾难来临之时，中华儿女表现出的万众一心、同舟共济的精气神，则是可歌可泣的。近十多年来，我们国家又经历了汶川地震、雅安地震等，每一次灾难发生时，医务工作者责无旁贷，始终冲在第一线，他们用精湛的医术和满腔的爱心救治生命。他们的行为充分体现了白衣天使崇高的人道主义精神。作为一所医学院校，培养学生仅仅掌握医学技术是远远不够的，同时必须心中有爱、勇于奉献，这样才担得起医生的称谓。医疗队员用他们的实际行动向社会诠释了这个道理、这种境界。

参与采访工作的在校学生和年轻医生说：在采访中，我们和队员一起重温了40年前的救援，一起激动，一起哽咽，前辈们至今不后悔当年的付出，对祖国、对人民充满了热爱，对国家集中资源办大事的能力充满信心。每完成一次采访，我们的内心就被震撼一次，就愈发感受到肩上沉甸甸的担子，思想接受了神圣责任的洗礼。

回顾过去，我们看清了走过的道路；总结历史，我们坚定了前行的步伐。为了纪念40年前医疗队员们的救援，为了弘扬大灾面前的民族精神，为了表达我们崇高的敬意，抢救、整理唐山地震医疗救援史料，刻不容缓。

历经九个月的努力，我们终于向队员们、读者们交出了一份作业。我们深知，由于时间和人力有限，呈现的采访文稿远远不能尽诉每一位队员的经历和思想，收集的老照片和史料还缺少代表性，队员名单也可能存在漏误，等等。但是，我们深信，完成胜于完美，带着敬意和责任去完成这份作业，让队员们有欣慰的笑容，让读者们能感受到医疗队员以国家利益与人民健康为重、舍小家而顾大家的大爱精神，那我们的心愿也就满足了。

2016年适逢上海中医药大学建校60周年。龙华医院主任医师朱培庭老师作为唐山地震医疗救援队队员代表，出席校庆纪念大会。会上，全校师生都对朱老师表达了敬意。那经久不息的掌声，是送给全体医疗队员的，同时也是送给准备穷尽一生为医学事业默默奉献的医务工作者的。——这就是一所大学的精神，这就是医学散发的光芒。

谨以此书向救援唐山地震的上海医疗队员致敬！

何星海

2016年6月

目录

刻不容缓的使命

——金为群、杜振邦口述

口 述 者：金为群　杜振邦

采 访 者：朱梅萍（上海中医药大学附属曙光医院人力资源部主任）

　　　　　郑舜华（上海中医药大学附属曙光医院消化科主任医师）

　　　　　张晓青（上海中医药大学附属曙光医院西院七病区护士长）

　　　　　施慧婷（上海中医药大学附属曙光医院人力资源部科员）

时　　间：2016 年 1 月 13 日

地　　点：上海中医药大学附属曙光医院西院住院部 7 楼

左三（坐）为杜振邦，右一为金为群

杜振邦，1925年生。1949年7月参加工作。1976年赴唐山参加唐山大地震医疗救援工作，为曙光医院第一批赴唐山医疗队队长。

金为群，1949年生。1969年参加工作。曾担任曙光医院干保科主任。1976年赴唐山参加唐山大地震医疗救援工作，为曙光医院第一批赴唐山医疗队队员。

我和杜振邦老先生是曙光医院第一批援助唐山大地震的医疗队员。杜老先生是我们医疗队的队长，严明新老先生是副队长。我们医院第一批一共去了12人，在唐山待了22天。

我们是地震的当天下午四点半接到医务处通知的，大部分参加医疗队的人员都在医院待命。我和大部分同事一样，没有回家，所以来不及准备生活用品，家里人也来不及一一告知。当天晚上八时，所有医疗队员在医院集合，等待医院和上海市革委会的指令。后来，在凌晨一时，我们就坐上了从上海火车站开往天津的火车，火车第二天到达天津。当时没有火车前往唐山，我们是乘坐伊-28飞机前往唐山的，到达唐山已经是第二天晚上了。当时的场面非常惨烈，房子几乎全部坍塌了，只有一个水塔没有倒塌。刚到唐山的第一天晚上，我们睡在芦叶上，因为生怕地太潮湿。北方早上有露水，我们用芦叶盖在身上，可以挡掉点露水。

到唐山后的第二天，我们就分配到了医疗任务。任务就是将机场边上的病患集中到一起，当时伤病科、内科等各科室都是打乱的。患者当中，骨折截瘫的病人很多，因为医疗器械稀缺，截瘫的病人需要用到的导尿管不够，我们只能临时将输液皮条改装，用指甲剪将管口修圆，就当成导尿管使用，用干净的自来水将管子冲一冲，就给病人导尿了。在救援现场，我们什么病都看，还要做导尿、包扎等各种处理。机场周边散着伤员，所有医疗队都集中在机场，跑道边上也都是人，一个医疗队是一个组。

病人的情况有轻有重，有些地方还有大量的尸体，后来是部队的人过来收掉的。一个塑料袋，尸体塞得满满的。第一批医疗队基本就分布在机场的周围。救援过程中遇到危险最多的情况，就是余震。余震不断，我们要在不停救援伤病患者的同时，忍受余震带来的精神压力。

我们与百姓几乎没有过多的交流，只是一心想着多救些伤员。对于地震的惨烈程度，百姓们一开始还没有反应过来，是后来才意识到这是多么严重的一场灾难，整个城市都被破坏了。当时的情况是，医生去唐山就是抢救病人，部队则是收尸体。部队官兵把尸体装进塑料袋里，运到郊区，挖深坑埋掉。当时的救援管不了太多，能存活下来已是万幸，手术设备也是很简陋、很粗糙的。

生活上，我们吃的是压缩饼干、酱菜、榨菜、大头菜。在那里待了一个月，伙食基本上就是这一些。刚开始那两天是露天住宿，第三天搭了帐篷。我们一个医疗队一顶帐篷，我们还开玩笑说男女混住，怎么分配呢？大家就说，在年龄最大的男同志和年龄最大的女同志之间划一条分界线，依年龄次序排开。刚开始的一周没有水供应，消防车送来了吃的和水，第二天水都变成了泥浆水。下雨后，我们在积水中洗手。在唐山的第一周，我们没有洗澡；后来有了水，就能洗洗澡。先开放的洗澡对象是女同志，男同志在后，女同志每次洗澡时有两个人看着门。喝的水都是油罐车拉来的。指挥部还给每个医疗队员发了一条毯子。

我们第一批医疗队员和第二批医疗队员并没有什么交集，因为第二批另有安排，当时已经建立了抗震医院，医疗队员直接就去医院进行医疗救助了。

唐山大地震的那一年，我27岁，是毕业后第一年参加工作，还在医院轮转。我们那时候的思想还比较单纯。能力方面的话，参与唐山救援使我的医疗知识面更广了，锻炼了我的临床实践技能。

40年来，我们和救援地的人并没有什么联系，生存下来的人太少了……就算是第二批去救援的医生，也和我们联系不多。

当时我印象最深刻的就是，所有被派往唐山的医疗队员都是接到任务后立马放下手头事情奔赴前线，没有任何犹豫。当时我们是比较年轻的一辈，身边的榜样很多，没有顾虑和畏惧，也没有过多地考虑自己和家人，只是一心希望能为唐山出一份力，能够用自己的医疗技术援助在地震中受伤的患者，挽救他们的生命。

敢为人先的救灾楷模

——严明新口述

口 述 者：严明新

采 访 者：朱梅萍（上海中医药大学附属曙光医院人力资源部主任）

何旻颖（上海中医药大学附属曙光医院离退休办公室科员）

嵇　瑛（上海中医药大学附属曙光医院人力资源部科员）

时　　间：2016 年 1 月 16 日

地　　点：严明新家中

右为严明新

严明新，1926年生。曾任上海中医药大学附属曙光医院副主任
医师，医务处副科长。唐山发生地震后，曾作为第一批医疗队
员赴唐山参与救援。

我当时是在外科工作，作为一名手术医生，1973—1974年我曾前往贵州进行医疗救援，1975年回到上海休息一年，1976年唐山就发生地震了。（师母说：那时候我还没下班，我回来了他已经走了，我妈妈叫他不要走，他说不行的，这是救人的事情。老实说，他很敬业，又是共产党员，很有奉献精神。）

地震发生后的第二天，医院就通知我们作为第一批上海医疗队前往唐山。接了通知以后，我回家拿了点衣服就走了。我们先乘火车到天津，再从天津乘飞机到唐山。在飞机上看到唐山一片废墟。地震以后，电路、电话都被破坏了，想尽办法都不行。下了飞机，放眼望去，在没有大型起重工具的情况下，解放军在扒拉碎砖烂瓦，有的用镐，有的用锹，更多的是用手，争分夺秒，寻找幸存者。

地震发生时大家都在睡觉。北方那个时间段的气候有个特点：白天热得不得了，晚上又非常冷。地震是7.8级，唐山是平地，又处在地震的中心，所以地震的破坏性极其大。我们看到民房倒塌了，农田里全是泥沙，水渠、水泵堵塞，铁路、公路和桥梁全部坏掉了。

唐山的房屋等建筑在地震中都已变成了一人多高的瓦砾，我们在瓦砾旁安营扎寨。"轰隆隆"一声巨响，大地在抖动——余震来了，震得瓦砾上的破玻璃"哗哗"作响。我们医疗队住在帐篷里，吃的是面疙瘩和压缩饼干。由于条件限制，我们只能做简单的手术，清创、包扎时用汽油灯照明，条件很艰苦。有时候伤员没办法处理，只能用飞机送出去。手术只能在白天进行，因为电缆被破坏了，唐山没有电，晚上一片漆黑。记得有一天夜里来了一名胃穿孔的病人，病情严重，很可能有生命危险。夜里，我们医生、护士只能拿着汽油灯照明，进行手术，最终病人脱离了危险。余震不断，手术是不能中途停止的，不然风险极大，结果难以预料，只会给病人带来严重的二次伤害。每次余震，摇晃得厉害的时候，我们的对策就是随着手术台摇摆，努力保持身体平衡，但不能中断手术。

当时毛主席很关心唐山的救灾情况，中共中央、国务院派出以华国锋总理为团长的中央慰问团到达灾区，亲切看望受灾群众。中国政府还对外宣布：中国人民决心以自力更生的精神克服困难，谢绝外部援助。

中共河北省委赠送上海中医学院
前往唐山救援的医疗队锦旗

在党和国家的正确领导下，在全国军民的无私援助下，唐山以最快的速度恢复了灾区生产。震后不到一周，数十万群众的衣食、饮水问题得到解决；震后不到一个月，灾区供电、供水、交通、电信等生命线工程初步恢复；震后第一个冬天，灾民全部住进了简易房；震后一年多，工农业生产得到全面恢复；十年以后，90%以上的房子再次建起来。这是所有人齐心协力的结果。

弹指一挥间，40年过去了。当年我们在战胜灾难、重建家园中凝结成的抗震精神，其所蕴含的团结、坚韧、勇于克服一切困难的精神内核，不仅是中华儿女、更是全人类所共同追求的宝贵的精神财富。

剪掉辫子上唐山

——戚兆建、徐月英口述

口 述 者：戚兆建 徐月英

采 访 者：何星海（上海中医药大学副校长）

     刘红菊（上海中医药大学党史校史办公室副编审）

     季　伟（上海中医药大学团委专职团干部）

     飞文婷（上海中医药大学在校生）

     顾　懿（上海中医药大学在校生）

时　　间：2016年1月8日

地　　点：上海中医药大学行政楼接待室

戚兆建，1949年生。1968年参加工作。1973年由部队复员至上海中医学院担任武装干事，历任党委校长办公室机要秘书、工会办公室主任、工会常务副主席、组织统战部部长、中药学院党总支书记等职。1976年唐山地震时，作为第一批医疗救援队政工组的人员赶赴唐山。

徐月英，1950年生于上海。1968年参加工作。1972年于龙华医院医训班毕业后，分配至上海中医学院团委工作，曾任上海中医药大学团委副书记、组织统战部副部长。1976年唐山地震时，作为第一批抗震救灾医疗队员赶赴唐山，为政工组人员。

准备与出发

1976年唐山地震的那年，我在上海中医药学院党委武装部工作，而徐月英老师当时在团委任职。7月28日我们通过新闻媒体得知唐山发生了7.8级地震，根据市委的要求，上海要在第一时间组织抗震救灾医疗队支援灾区。作为医学院校的职工，我们的第一反应就是：只要国家需要，一声召唤，我们义不容辞。

我记得接到通知是1976年8月1日，通知说学校将和第二军医大学共同组成一支医疗队伍，赶赴唐山灾区进行救援，希望职工踊跃报名。接到通知后，我们没有多想，直接报了名。

记得一开始徐月英老师并没有被同意参加救援队，毕竟她是一位女同志，组织上考虑到女同志到那种环境不太合适。但徐老师态度十分坚决，第二天就把当时留的两条大辫子剪掉了。（徐月英："对，因为当时学校方面考虑我是一位女同志，说女同志去那边洗头、洗澡等生活方面都十分不方便。那我就想，既然长发是阻止我去的一个理由，我就把头发剪短，也表明我的决心。当时报名参加抗震救灾医疗队时，我们的思想都很纯洁，就是作为青年党员，在党和国家需要时，在危难面前，应冲在前面；另外我们虽作为政工人员随队去，但自己也是学护理专业的，在当时的环境中还能派上用场，总之就想多出点力。"）

在徐老师的努力争取下，她也成为了一名救援队队员。

出发前，我们被告知除了个人的行李外，每人只能带六个大蒜头、半斤榨菜。六个大蒜头有消毒杀菌的功能，而半斤榨菜就是用来在路上掺着冷馒头一起吃的。

就这样，8月4日，我们上路了。作为第一批前往唐山的救援队，对即将要面对的挑战虽然一无所知，但我们毫不惧怕，每个人都斗志昂扬，用最佳的状态去面对未知的前方，因为我们心中一直秉承着一种信念：我们是共产党员，在国家需要的时候必须挺身而出，这是一个共产党员的责任和义务。由于地震的强度比较大，前往地震地区的铁路、公路都遭到了严重的破坏，路况较差，我们乘坐的火车走走停停，越到北面越难行走。车行时稍有些凉快，车停时汗流浃背。虽然火车上有一定的储粮，但根本不够，而我们又是轻装出发，也没有带任何食物，只好忍饥挨饿；又是炎炎夏日，火车上用水也无法正常供应，所以除了要忍受饥饿，还要忍受着没有水带来的痛苦。遇到了这样的困难，队伍中没有一个人抱怨，没有一个人说出后悔之类的话，此时每个人心中想的不是自己的饥渴，而是想能尽快赶到灾区，能为灾区人民做些什么，想到的是灾区人民的安危。当一个人心系天下时，又怎么可能在乎眼前自己的饥渴呢？

火车走走停停，大概走了两天，终于在第三天的清晨四时到达了河北的丰润火车站。丰润距离唐山中心只有二十多公里，当时也是地震的重灾区之一（后来重建时，丰润被划归入唐山）。我们在丰润马上转乘解放军的卡车前往唐山北面的迁西县。前往迁西的那一个多小时，真的是让我们终生难忘。卡车是敞篷的，没有顶棚，虽说是夏天，但北方的天气早晚温差很大，卡车在公路上奔驰，车速也快，风不断地从我们身上吹过。再加上我们刚刚从火车上下来，火车上又闷又热，所以大家穿得都十分单薄；坐上卡车后，天气凉，再加上有风吹过，忽然有种从夏天进入严冬的感觉，太冷了。可时间又不允许我们停车取暖，再说了，我们也没带厚衣服。冷风嗖嗖，冻得每个人都瑟瑟发抖，我们用车上仅有的军用帆布盖在身上也无济于事。不容多想，于是大家只能抱团取暖。我们不再分男女，大家挤在一起，那时温暖的不单单是我们的身体，更是我们的心：在这样艰苦的环境中，有这样一群人愿意和我一起并肩作战，不分彼此，为共同的目标，一起克服困难。时隔40年，回忆当年那一幕，我仍能感觉到那种内心的温暖——这是我们一辈子永恒的回忆。

救援

经过几天的颠簸，我们终于到达了救援目的地——迁西县，我们在迁西的一所中学操场上"安营扎寨"。当我们到那里的时候，已经有很多老百姓被暂时安置在临时支起的简易帐篷里了。我们的救援对象就是这些经历过大地震劫难的当地百姓，他们大部分是不同程度的受伤者。1976年国家正处在"文化大革命"时期，遇到如此强烈的地震，作为第一批救援队伍，匆匆出发，初来乍到，所以救援工作相对无序，没有固定的医疗场所。我们分成救援小组，组织巡视各顶帐篷，开展救援，安抚伤者，送医治疗。当时我们的生活环境和当地老百姓一样，睡在简易帐篷里。简易的厕所和所住的帐篷、厨房相距很近；又加上天气炎热，地震发生后，蚊蝇乱飞，当时的消毒措施也没做到位，我们的许多队员都在工作中被传染，腹泻不止，一边吊针，一边工作，但没有一名队员停下自己手上的工作，我们对当地百姓的帮助没有间断过。我自己在唐山的时候，并没有出现腹泻等不适症状，颇有些暗自庆幸；谁知回到上海的第二天，我也因细菌感染腹泻了七天，整个人瘦了十来斤。

我们每天吃的就是一点米糊、苞米、稀饭和馒头，加上自己带来的咸菜，有时也发一些解放军吃的压缩饼干，当时觉得压缩饼干怎么那么好吃！从来没吃过这么美味的食物！徐月英老师还特地省下了几块，让我带回上海给她的姐姐尝尝。徐老师很小时父母就亡故了，一直由姐姐照顾长大，姐妹情深。多年以后，提起这件事，徐老师的姐姐看到她去唐山时人非常消瘦的照片，打趣地说道："一定是我没有把这个妹妹照顾好，让她吃到压缩饼干都那么高兴。" 其实，现在仔细回想起来，并不是压缩饼干多好吃，而是因为持续处在高强度的工作状态下，我们吃不饱饭，而吃了压缩饼干比起喝米糊相对不容易饿罢了。

我们还在帐篷里接生过一个婴儿，那种喜悦与在医院里接生是完全不同的。当时整个环境因为地震变得毫无生机，满目废墟，整天面对伤残病人以及死亡，活着的人内心是悲凉的，低落的。而这婴儿的一声啼哭，就像是从乌云密布的天空中突然射出的一缕阳光，瞬时照亮了大地，照亮了我们的内心，好像有一股神奇的魔力，立刻扫清了我们身上所有的疲惫，我们精神也为之一振，内心充满了希望，虽然地震打乱了原有的生活，但内心有憧憬，眼下的艰苦也就不觉得了。这一声啼哭也让我们由衷地生出一种骄傲：能来这里工作是一件多么有意义的事情啊！

我们所属的救援队有三十多人，大家的工作状态是不分上、下班，有工作就上，不论脏活、累活，大家都抢着干，团结一心。若没有安排救援工作，我们就去帮助解放军搬运物资。救援队中的女同志个个吃苦耐劳，和我们男同志完成同样的工作，搬运同样重的物资，绝不是大家心目中的上海娇小姐的形象。

一般在一次大的地震之后，余震会不断，一有余震就会下雨，往往都是瓢泼大雨。因为我们住的是临时搭建的简易帐篷，雨水就会不断地积在帐篷顶，如果不及时排水，会有把帐篷压倒的可能性。所以在大雨倾盆的夜里，我们就分头，脚踩积水，出去巡视灾民所住的每一顶帐篷，用竹竿把灾民帐篷上的积水弄下来，让灾区百姓能安稳睡觉。这样的工作看似简单但十分耗费体力，我们每晚要巡视好几次。而像徐老师这些女同志也不例外，大家都积极地投入工作。救援队就像一个大家庭，就是一个整体，大家共同面对困难，有工作一起分担。我们彼此帮助，没有人退缩，没有人抱怨，我们似乎融为了一体，三十几个人的思想凝聚成一个共同的信念，那就是——尽自己最大的努力，尽可能多地帮助有需要的人。

其实在救援工作中，给我们最大支持的不单单是队员之间的相互鼓励和陪伴，更多的是唐山众多坚强的民众。我们来到迁西后，看到的是一片惨象：坍塌的房屋中遇难者尸体随处可见，天气炎热，尸体必须尽快掩埋，灾难突发，管理相对较为无序。临时发现的尸体只能就地掩埋，从迁西到唐山机场的公路两旁的空地，几乎都成了临时"墓地"。唐山路南、路北有一条河，地震发生后变成了一条"黑河"，河里散发的恶臭扑鼻而来，令人无法忍受。我们有时可以看到解放军用挖掘机清理倒塌的房屋，挖起的却是一具具因为时间太长已经腐烂的尸体。但就算在这样的情形下，我们从没有听见幸存者的哭诉，没有人哭泣，也没有人抱怨。

幸存者与解放军救援队员一起默默地抢救、劳动，表情平静，话语不多。但我们知道在这平静的背后是何等悲伤，我不敢想象一觉醒来我的家人都已经离我而去的感觉。我也许会痛苦，也许会抱怨世间的不公。但是当时的唐山市民没有，在这样大的灾难来临后，他们选择面对而不是逃避，不是陷入巨大的悲哀中无法自拔，不是怨天尤人。他们选择一起携手度过灾难，相信党，相信政府为他们派来的救援队。

唐山的市民都如此勇敢，我们又有什么理由退缩呢？我们必须和他们一起共进退。在大难面前，唐山人民表现出从未有过的团结，这大概就是我们一直说的民族精神。面对困难决不低头！大灾又有什么，周恩来总理曾经说过：再小的困难乘以九亿，都会变得无比困难；但再大的困难除以九亿，都会变得微不足道——唐山人民的团结就是对这句话最好的诠释。在救援过程中，我们遇到过很多困难，比如吃不饱；再比如没有足够的药材，医疗器材过于简陋；再比如因为条件太差，队员们不幸细菌感染，腹泻不止等等，但这些和唐山人民当时的经历相比，又算得了什么。每当在工作中遇到困难，我都会想想那些坚强的唐山人民，他们对我们如此信任，我们又怎能辜负他们呢！

感想和反思

其实我在唐山参加救援的时间并不长，根据医疗队的安排，有部分队员因工作需要，要提前回上海，部分队员继续留在唐山。我们于8月24号回到上海。在我们返回来不久，医疗队在迁西东矿建立了一个临时医院，那时救援才真正进入有序的阶段。现在能看到的很多老照片，其实都是建立医院以后拍摄的。参加完这次救援任务以后，我们就再也没有回到过唐山，只有几次出差路过唐山。当火车缓慢进站的时候，看见不远处的唐山地震纪念馆，当时的一幕幕场景，瞬间充满脑海，不能自已，竟忘了身在何处、何时，直到广播声响起，我才反应过来。我平时很少看电影的，2010年冯小刚导演的《唐山大地震》上映，我专门去电影院观看了。我感觉，其实真正的现场比电影里所拍的更为惨烈、悲壮。

那次经历，对我们后来的工作、生活产生了很大的影响——遇到困难的时候，我变得学会平静对待，将困难当作挑战；遇到实在迈不过去的坎，我就想想唐山市民，想想他们面对困难的勇气和态度。虽然只与他们相处了十多天，但是他们的精神支持我们走过了40个年头，是他们教会我们在困难面前不轻易低头，是他们用行动告诉我，遇事哭泣与抱怨没有任何帮助。

当然，这次经历对我们更深的影响，就是更加相信我们的党，坚信中国共产党的领导。最近几年，我们的党出现了一些问题，导致有人怀疑、质疑党的领导。作为一名老党员，我确信我们党有及时纠正错误的能力，因为中国共产党是经历过大风大浪的党，无论是以前的革命战争、社会主义建设的各个阶段，还是唐山地震，以及以后其他地区地震组织的救援，都表明中国共产党是一个伟大的党，在它的领导下，全国人民表现出前所未有的团结精神和应急能力。即便当时国家正处于特殊时期，我们国家仍独立完成了灾后工作，这样的党，这样的政府，还有什么理由让我不去信任呢！

　　作为医学生，无论是我们上海中医药大学的学生，还是其他学校的医学生，都要努力学习专业知识。医者仁心，这是医学生的基本素养；还要有一颗不言败的心，毕竟学医是一条十分辛苦的道路——但我们要坚持，在面对困难的时候不沮丧，不抱怨，用平静的心去迎接挑战。我们永远无法预知下一秒将会面对什么问题，但我们可以决定用什么样的心态去面对。

　　（最后，徐月英老师与大家分享了她发布的一条微信：40年前，国家有一场大灾难——唐山大地震，当时我们毫不犹豫地奔赴抗震救灾的第一线；40年后的今天，学校没有忘记我们曾经做过的努力，回顾总结这段历史，是对我们的肯定。时间飞逝，当年的小姑娘现在已经步入老年了。那一段记忆深深地镌刻在我的心上。十几天，却给我带来40年甚至更长的影响。我们希望把这样的影响传递下去，让更多的人知道"真正的"唐山大地震。）

迅速成长为多面手

——张亚娣口述

口 述 者：张亚娣

采 访 者：朱梅萍（上海中医药大学附属曙光医院人力资源部主任）

　　　　　江　云（上海中医药大学附属曙光医院人力资源部副主任）

　　　　　侯天禄（上海中医药大学附属曙光医院人力资源部科员）

时　　间：2016 年 2 月 2 日

地　　点：张亚娣家中

左三为张亚娣

张亚娣，1951年生。1992年3月进入曙光医院眼科工作，2006年
11月退休，主治医师。1976年参加第一批唐山大地震紧急支援
医疗队，为期十天；1977年参加第四批医疗队，为唐山筹建抗
震医院，为期一年。

1976年7月28日，唐山发生了强烈地震，波及京津地区，人民的生命财产遭受到巨大损失，因急需内科、外科、五官科、眼科等不同学科的医生，医院响应党的号召，根据灾情的需要，迅速组织相关科室医务人员，前往支援唐山。我参加的医疗队，由上海出发，飞行至唐山。

抵达唐山机场时，我第一次亲身感受到余震。灾区受灾状况严重，从机场到临时住宿地，一路上都是灾民，尸体只能堆放在路旁，基础设施被严重破坏，临时住宿区内几乎处于断水断电的状态，饮用水是部队官兵通过钻井取得的，水质较差，泥沙等杂质比较多。我们住的是大帐篷，无隔间，男左女右，打通铺。

我们的工作十分繁忙，一般是上午查房，下午做手术，晚上还不时地接待急诊。病种杂，病情重，所以我们的神经一直处于紧绷状态。我曾接待过一位患者，患者病情严重、复杂，为保障患者的健侧眼球视力起见，我们只能进行眼球摘除手术。因医疗条件有限，我们做手术时条件异常艰苦，与上海医院的无菌环境、照明设施相去甚远。

我们常常是在不符合手术条件的情况下进行手术：简易帐篷当手术室，照明设施也没有无影灯。在当时的环境下，我是边学习边对患者进行治疗，白天坐门诊、进行手术，晚上在宿舍回忆白天碰到的问题，不确定的再从书中查找资料，选择治疗方案——我就在不断地摸爬滚打中，为唐山人民尽自己的一份力量。

1976年唐山刚发生地震的时候，我的主要工作是紧急医疗援助。十天之后，我就返回了上海。1977年，我又参加了第四批医疗队，那次救援的主要工作是筹建抗震医院，为期一年。

灾区生活艰苦，余震不断，不过这一切都发生在二十七八岁的青春年华，我们有足够的热情和能量去应对磨难；反过来，这些磨难也很好地锻炼了我们的意志。在唐山参与医疗救援的时候，我们必须在艰苦的条件下，面对各种疾病，实施各种手术，例如白内障摘除术、青光眼治疗、眼球摘除、异物取出等等。那次灾难不仅是国家的一次阵痛，同时也是我难忘的一段人生经历。

从唐山回来之后，我对医学事业的追求更加踏实，一步一个脚印，重新学习数理化。一边照顾生病的儿子，一边学习各种业务，这种经历，就像唐山重建一般，痛并快乐着。

"该做的、能做的，就去做"

——朱培庭口述

口 述 者：朱培庭

采 访 者：刘　胜（上海中医药大学附属龙华医院党委书记 ）

　　　　　周　洁（上海中医药大学附属龙华医院人事处处长）

　　　　　管思思（上海中医药大学龙华临床医学院住院医师规范化培训医师）

时　　间：2016 年 2 月 29 日

地　　点：龙华医院行政楼 9 楼接待室

右为朱培庭

朱培庭，1939年生，上海人。现任国家中医药管理局全国中医胆石病医疗中心主任，中国中西医结合学会急腹症专业委员会副主任委员。1965年毕业于上海中医药大学医疗专业，毕业后分配至上海中医药大学附属龙华医院，师从中西结合外科专家徐长生、中医外科专家顾伯华教授。1976年7月作为上海第一批医疗队龙华医院的队员，参与唐山大地震的抗震救灾工作。

唐山大地震发生于1976年7月28日凌晨三时左右，震后那天晚上六点半，我刚从手术台上下来，我接到工宣队让我参加医疗队的通知，八点半就出发去唐山救灾。中间只有两个小时的时间，家远的医生无法通知家人，我离家近，骑自行车回家了一趟，和家里交代了一下，家里给了我一个咸鸡蛋。出发时，我穿了一条短裤、一件短袖白大褂，背了一个黄书包。

　　当时因为唐山交通瘫痪，我们先坐火车到达天津杨村的飞机场，再由火车转飞机前往唐山。上飞机前，上海发给我们每人50元、十斤全国粮票和一包压缩饼干，还给了整个医疗队一斤榨菜。

　　我们是上海的第一批医疗队。我们队一共15个人，第二天下午到了唐山飞机场。从飞机上看下去，一片废墟，一片惨景。飞机落地时地还在晃。飞机场全是遇难者，来不及处理。当地的人遭难的很多，在飞机场的基本都不是唐山人。最早到唐山参与救援的是北京军区、沈阳军区和河北省革委会。

　　当天，我们医疗队留在了飞机场。没有人接待，飞机场什么都没有，连水都没有。晚上也没有睡的地方，上面发给我们每人一张苇席、一条毯子、一块塑料布和一顶草帽。男的睡一边，女的睡另一边，苇席上铺塑料布，再垫上毯子，草帽盖在脸上——我们以大地为床，以天空为帐篷。

　　当时最艰难的是没有水喝，人饿三天不要紧，没有水喝却受不了。7月是唐山最热的时候，中午温度能到39℃。没有盐分的摄入，人都很软，还好有一斤榨菜。最有趣的是骨伤科的杨主任，他带了一把电工刀，就用刀子把家里给我的很小的咸鸡蛋切成了15片，一人一片，那个味道，我一生一世也忘不了。到达唐山的第三天下午，组织给我们15个人发了一顶帐篷。唐山整个道路都堵塞了，路上还有人在抢东西，此前连帐篷都运不过来。领到帐篷后，大家一起撑起来，还在废墟里找到一张废桌子，放在帐篷里。当天晚上下了一场暴雨，到第二天早上，雨水都漫过了脚踝，人都站在水里。还好我们之前拾来了一张桌子，把毯子放在桌上，不然毯子也湿了。

　　第三天，飞机场里打出第一口井，打出的都是黄泥浆水。工宣队给了我们一口只有一个环的大钢锅，医疗队分来半锅黄泥浆水。大家喝不了生水，于是在废墟里找到了破砖头，自己搭灶头烧水喝，那水的味道非常好。地震后，唐

1976年，龙华医院医疗队一行在唐山

山还有半个飞机场能用，每天有飞机轮流往唐山运送物资。一开始有北京和上海的两架飞机，后来北京的飞机据说机翼有擦损，第二天没再来，只剩上海的了。上海每天运输一点东西，后来有饼干和瓶装水。我们在飞机场的条件比较好，附近有一苹果园，我们就到那里摘苹果吃，比在市区里面的医疗队条件要好多了。第六人民医院的医疗队在市中心，在游泳池边上，水脏得很，但他们也只能喝。

1977年夏天，参加唐山抗震救灾医疗队合影

我们医疗队一共待了三个星期，领队是洪嘉禾，指导员是工宣队的老师傅，医生包括内科的马贵同、伤骨科的杨子良以及外科的刘铭昇和我自己，现在还活着的就只有我和刘铭昇了。到了第一周的第五六天，油、盐由抗震救灾指挥部配送过来，我们搭了一个临时炉灶，大家轮流做饭。女同志厨艺好一点，男同志很多都不会做饭。我当时最不会做，但轮到我值班时，他们说我做的饭最好吃，这其中还有个小故事。当时飞机场坏了一半，另一半空军还在用。空军里有一个做饭的大师傅面瘫，我帮他针灸、按摩，他的面瘫状况缓解了。轮到我做饭时，他就会来帮我。他一开始准备带吃的过来，但那是空军的物资，纪律很严，我就和他说："你来帮我烧饭我很欢迎，但东西坚决不能要。"最后他带了自己种的大蒜和韭菜过来。那位师傅很有本事，虽然只有简单的油盐，但他烧的饭确实比我们大家自己做的要好吃，我想关键就在那大蒜和韭菜上。我们也成了朋友。后来有一次，洪嘉禾和工宣队老师傅出去办事，回来后没有吃到饭，就托我想想办法。我就摸黑去找大师傅帮忙，说了情况，并让他帮忙支援一点吃的。他后来做了一大碗吃的送过来，洪嘉禾和老师傅两

人吃了，说味道好得不得了，第二天他们才知道吃的是炒鸡蛋。

我们去了唐山以后，听说地震当晚下了一场暴雨。等我们到唐山的时候，重危病人其实基本都离世了，活下来的基本都是骨折、缺胳膊少腿的伤病员。我见到过一个头皮裂开、扎着长辫子的患者，头里面都有蛆在爬，看着太难受了。那时候条件不好，我们在飞机场，没有任何医疗设备，最后领导决定利用飞机场，将重病人运离唐山。我们能做的就是过滤病人，将病人分级，轻的留下，重的转出去。一个星期后，上面规定不能带家属，病人需要医生签字后才能上飞机。当时有很多令人难过的情景，最伤心的是一个小孩，她的妈妈、姐姐都在地震中遇难了，只有爸爸还活着。小孩子胳膊没了，要转走，只有四岁，但因为纪律规定，不能带家属，她爸爸不能陪她去外地。我那时才真正体会到什么是生离死别。小孩子那么小，坐飞机出去后会到哪里，谁也不知道。我们想办法借来飞行员的笔，让爸爸把名字、地址写在葡萄糖补液纸上，放在小孩子身上，这样以后也许还有机会相聚。当时女同志哭得一塌糊涂，男同志也禁不住流泪。

那时什么票都派不上用场，我们进出都凭着白大褂。机场的物资如饼干等，由解放军看护，拿饼干需要河北省革委会批的条子，条子也可以由医生开。后来国务院慰问团一行来了。我们的帐篷附近有三个帐篷，住了国务院办公人员、国家地震局相关人员等。

地震时有幸存者，但更多的是不幸的人。空军第5军驻地旁边有一家陆军医院，本来有五层，地震后变成了一层，但到第五天还有一名护士被救出。她是怎么活下来的呢？原来地震那天她上夜班，睡在楼梯下面的休息室，洗脚水懒得倒，正好床底还有一瓶葡萄糖输液。那五天她就靠着洗脚水和葡萄糖活了下来。还有从河北石家庄来唐山出差的两个人，地震时坍塌的水泥正好形成三角，两个人躲在里面，到第三天被救出时人还清醒，讲好姓名、地址后就晕了。后来随飞机护送病人的医务人员告诉我，俩人被送到石家庄，但醒来后都痴呆了。地震那时正好放暑假，一个上海的初中生小女孩和她爸妈一起去看姥姥，地震中姥姥、爸妈都没了，她自己也骨折，后来不知道被送去哪里了。飞机场里面的几个小孩，没有一个人哭，我们摘了苹果、拿了饼干给他们，他们也没有任何表情。人都像木头一样，仿佛没有任何感情了。唐山什么时候开始有哭声？应该是第二年过中秋节的时候。

唐山大地震是我们国家绝无仅有的大地震，当时死的人太多，好像比三大战役死的人还多。遇难者的尸体就用被子裹一裹，埋得又很浅，经过暴雨冲、太阳晒，加上城里冷库也坏了，整个城市尸臭味很严重。不抽烟的我也会借烟味缓解，不然实在是受不了。后来上海定做了一批大塑料袋送到唐山，用来装需要掩埋的尸体，尸臭就相对好一点。伟大领袖毛主席的8341部队也来处理尸体。虽然我们吃得很好，有罐头有肉，但味道很难受，人也吃不消。

我们第一批去唐山的，赤手空拳，无思想准备，当时我的想法是：估计这次到了唐山可能回不来了。到那里一看，大家心都冷了，没有一样东西是活动的，后来因为天天死人，我们看习惯了，好像也麻木了。我用葡萄糖输液记录用的纸，问机场飞行员借了笔，写了信，请他带到上海贴张邮票寄出去，以便告诉家人我的情况。第一个礼拜，《解放日报》的一名记者来了。队长想了办法，让每个人写了首诗，做成暗语，说都很安全，后来登在了《解放日报》上，家人知道大家还活着，稍微安心一点。当时没有手机，也没有其他通讯方式，大家也就那么过来了。

在那里，我碰到过好人，也有不好的。飞机场有顶帐篷，白天没人，晚上有人，为首的是个女的，左手臂都是手表。他们晚上会回来摘苹果吃。后来有一天，上面让我们晚上不管听见什么声音都不要出来，当晚我们听到了枪声。第二天领导告诉我们，那个帐篷的人，准备劫机，往日本或者台湾飞。那件事之后，组织就不允许灾民进飞机场了。一开始我们一直待在飞机场，没出去。后来和军区都熟了，北京军区的解放军就开着斗篷车带我们出去看了看。很怪哦，震中是S形，震中带上什么都没有，不在震中的纸板房居然还在。唐山地震先是左右震，然后上下震，很多活着的人都是住六层楼的，一觉醒来，六楼变一楼了。路过大桥，我们发现桥上有几个跪着的人，据说他们抢了百货公司，让他们跪着有示众的意思。8341部队管理秩序，由于情况特殊，采取绝对镇压。遇到抢劫的，抢的东西放下，就会放抢劫者走。后来那些不规矩拿东西的人，解放军会让人把东西挂在他们脖子上，给人看。抢东西的人很多是保定过

1976 年，唐山抗震救灾龙华医疗队合影

来的。

第三周，组织拿了电视机来飞机场，天津电视台还报道了怎么预防地震。灾民砸了电视机，说能预防地震，可是谁敢报？一报要地震，城市就瘫痪了。还说能预防都是骗人的话、假话，45秒的地震是没法防御和自救的。那时地裂开了，喷砂喷了3米。当时传言太平洋有海啸，就怕上海也要地震。还有一种说法是还会有一次大地震，震中在北京郊区。后来其他的医疗队都撤了，飞机场的病人能转走的都转走了，飞机场的15个医疗队先原地待命。上面说如果北京发生地震，就会把医疗队直接从唐山拉到北京。

那时我认识了杭州的一个士兵，当天他在飞机场站岗，描述了地震发生时的状况：首先远处亮得不得了，一道光出现，伴随着类似火车开动时的轰鸣声，从远及近，当时人的心跳动得不得了。人都站不稳，小青年就抱着树，地震从来到走不到一分钟，好像是45秒，人难过得不行。我们一开始不理解小青年说的难过得不行，直到临走前，有一次我们烧好饭，坐在长凳上在吃饭，突然地就震了，人动不了，站也站不起来，整个心在荡——不是简单的心悸，虽然地震没有几秒就结束了，但人真的很难受。

后来我们坐火车撤到上海，回来时上面让大伙带十斤压缩饼干，但没有人要，饼干很难吃。上面告诉我们，回来路上，哪里发生地震，哪里火车就停下来。一路上，我发现老百姓都住在外面，不住家里。上海也一样，人都住外面。回上海后，组织不准大家回家，说蒋介石要反攻大陆，我们将作为战备医疗队参战，所以不能解散。直到交大门口拉出横幅，我才知道"四人帮"被粉碎了，当时是"四人帮"把我们扣了。经历了抗震救灾后，我的警觉性提高了。那时传言上海也要发生地震，晚上睡觉时我会把门窗打开；还告诉家里人，要准备一个手电筒、一瓶水，家里仅有的票证放在枕头下，万一有什么，拿起来方便。我记得后来有过一次地震，差不多是1976年11月，那时我值班，睡觉时感觉房子在震，大伙就跑到花坛那儿，也听说有人从二楼跳下来，地震没震到，腿骨折了。

一眨眼40年过去了，因为条件有限，什么照片都没有留下来。当时我们去救灾的想法很简单，要无限忠于四个伟大，干革命就是为人民服务，没有什么思想准备，也没有人作动员报告。现在的条件比以前好多了，战备医疗队建立起来了，救灾物资也很及时，我看，我们国家的防震抗震工作与国际接轨了。那时也有医生去了唐山没能回来的，因为如果生病的话，没法救，能活着回来是命大。在救灾过程中，重要的是在那种特殊的环境下生存，实事求是，该做的、能做的就去做，救死扶伤，尽力不要让病人出事。

我们的记忆和感念

——张可范、吴顺德、伍平等口述

口 述 者：张可范 吴顺德 伍 平 杨永年 李萍娟 沈建人 张秀珠 王长春

张子茵 徐惠琳 薛安珍 苗冬英

采 访 者：金大陆（上海社会科学院历史研究所研究员）

罗 英（上海文化出版社副总编辑）

王佩军（中共上海市虹口区委党史办公室主任）

刘世炎（中共上海市虹口区委党史办公室主任科员）

王文娟（上海文化出版社编辑）

时 间：2016 年 3 月 11 日

地 点：上海市虹口区飞虹路 518 号 203 会议室

前排左一杨永年，左二张可范，左三薛安珍，后排左一沈建人，左二李萍娟，左三王长春，左四张子茵，左六张秀珠，左七吴顺德，左八伍平，左九苗冬英，右二徐惠琳

张可范，原虹口区第一医院外科医生，医疗队队长，党支部委员。

吴顺德，原吴淞路地段医院内科医生，区卫生监督所公共卫生主管医师，曾多次参加唐山救灾活动纪念会。

伍　平，原四川北路街道社区卫生服务中心副主任，公共卫生主管医师，原迁西医院第三大队第九中队公共卫生科医生。

杨永年，原虹口区中心医院药剂师，医疗队指导员。

李萍娟，原虹口区中心医院手术室麻醉医生。

沈建人，原虹口区中心医院外科骨科医生。

张秀珠，原虹口区中心医院五官科医生

王长春，原虹口区中心医院内科医生。

丁秀娟，原长治地段医院护士。

张子茵，原横浜地段医院护士。

徐惠琳，原市第一人民医院的工农兵大学生。

薛安珍，原市第一人民医院外宾病房的护士。

苗冬英，原国际妇幼保健院第二批医疗队队员。

杨永年：

7月28日唐山地震那天，我下班回家，炒了个肉片，搞了一点啤酒，正准备吃晚饭时，突然接到医院（原虹口区中心医院，现上海市中西结合医院）打来的电话。那时候没有家庭电话，更没有手机，是弄堂里的传呼电话，说医院里面有紧急任务。我没顾得上吃饭，赶快骑车到医院。我们在会议室里组建了抗震救灾医疗队。我们医疗队共16人，队长是韩士章，当时是中心医院的外科医生，后来做过虹口区区长，现在已过世了，我担任指导员。医疗队中，内科、外科、妇科、儿科、五官科、眼科、化验科、手术科和护士科各科都有，特点是比较精干且年轻，年纪最大的是妇产科主任商岭梅。当天晚上，我们都没有回家，住在医院的会议室里待命。第二天清晨，医院用救护车把我们直接送到上海北站。

北上的火车开得很慢，停停开开。我记得火车过了徐州，铁路边上就能看到简易的防震棚，30号上午到达了天津的杨村机场。这列车上有二十多个上海各大医院的医疗队，大家都集中在机场待命。7月酷暑天，白天天气很热，我们的衣服很快就渗出了白白的盐花。好不容易挨到傍晚，轮到我们上飞机时，驾驶员说唐山机场也遭到地震破坏，只能飞飞看。我生平第一次坐飞机，就是这样的情况。当时也顾不得许多，大家一起把药品、器械搬上飞机。飞上天后，我发现飞机肚子上的舱门还开着，倾斜的箱子，像要倒下的样子。于是我和几个年轻人，一边用肩顶着箱子，一边望着舱门下飞过的土地。随着飞机的爬升，凉意袭来，越来越冷。到达唐山机场时，天已经黑了，我们全体队员只好露宿在机场的水泥跑道上。

北方天气，白天很热，晚上就冷得不得了。我们临时睡在机场的跑道上，没有被子，两个人合用一个医院里带来的被套，我跟韩士章钻在一起。睡到半夜冻得不行，韩士章比较胖，我说：大块头你让我抱抱吧，我快冻死了。我就抱着韩士章相互取暖。一觉醒来，我浑身被露水浸湿，喉咙里有异样的感觉。后来我在唐山的废墟里，找到了一部飞鸽牌自行车，这太管用了。我就骑这辆自行车到飞机场指挥部，把药品，还有蚊帐、毯子都搬过来，一人一顶蚊帐，一人一条毯子，这以后就不受凉了。

上海市虹口区赴唐山地区抗震救灾医疗队合影

　　第二天，7月31日，各医疗队做好准备进入唐山市。解放军开来二十几辆车，规定一个医疗队上一辆车。我当过兵，有经验，所以我们的动作比较快，上了第四辆卡车。汽车从机场开往唐山市区，道路两旁有许多新坟，一股腐臭扑鼻而来，且越来越强烈，引人作呕，我们只能在口罩里放置酒精棉球，克服无法控制的呕吐。车队进入市区，放眼望去，满目疮痍，一片废墟，没有一间像样的房子。经历九死一生存活下来的唐山人，在残垣瓦砾上用各种材料搭起躲避风雨的防震棚，而在路边就有一具具用被褥裹着的尸体。

　　当时没有交警，我记得是38军的军人在那里指挥。车队的前11辆汽车被派往了路北区，是工矿企业集中的区，后面的车被派往了路南区。唐山路北区的情况比路南区稍好。我们医疗队就选择了唐山市煤矿研究所的绿化草地安营扎寨。我记得那里有很多苹果树。虹口区的第四人民医院被派往路南区，那里条件非常艰苦，全是一片连一片的废墟。

　　我们在煤矿研究所的空地搭起了帐篷，冒着余震的风险，从附近的办公楼里抢出一些桌椅，把帐篷作为我们开展医疗救护工作的中心。煤矿研究所有一口水井，供应唐山市的水源，每天有洒水车来运输。使用这里的水是有限制的，但是对我们医疗队则敞开供应，水源有了，我们的救护和生活问题就解决了。

　　安顿之后的第一个晚上，我们就听到枪声。这是怎么回事呢？原来当地有劫财的人。灾区有巡逻的，看见有人在废墟里扒东西，就叫站住，不站住就开枪，枪声大概持续了一个礼拜。白天我还看到有游街的，罪犯被押着站在卡车上，手上都是手表，脖子上挂了马蹄闹钟，这些人游街完后，不知道会被怎么处置。当时，我们医疗队为了安全，都穿着白大褂外出，这样比较醒目。

我们进去后的第一个礼拜吃压缩饼干，刚开始的时候还觉得蛮好吃的，后来就像咽石灰粉一样。一个礼拜后生活就有了改善，当地人给我们医疗队送来了10袋面粉，我们就用上海带来的榨菜、压缩饼干和野菜来包饺子，味道挺不错的。我记得还供应了肉，第一次供应肉的时候，我们都没有要，我们说"灾区人民没有吃，我们坚决不吃"，就把肉退回去了。第二次送来的时候，我们看到灾区的人民已经吃上饺子了，我们才把那个肉收下来。还有一次，解放军给我们医疗队的女同志送了豆油，我们就做油饼改善生活。当时虽然环境艰苦，现在回想起来，还是蛮有趣的。

吃的问题解决了，方便的问题怎么办？我们就在帐篷外面挖一个坑，四周弄几个树桩，从废墟找来棉被，固定在树桩上，用来遮盖。后来又有改进，白颜色的被里放在外面的是男厕所，彩色被面放在外面的是女厕所。

有一天晚上下大暴雨，我们的帐篷正好在低洼的边上。女同志就在帐篷里排水，男同志出去挖排水沟，把水引到帐篷外面去。因为医疗器械和药品都在帐篷里面，这些东西受潮了不得了，第二天我们就转移到了高的地方。当时，我们医疗队是非常团结的，我对此终生难忘。

洗衣服都是女同胞的事。大家的衣服放在一个桶里面，用的水是男同胞去弄来的。我们队刘际美负责烧饭，韩士章力气大，柴火大都是他劈的。我们的防疫工作也做得好，防疫站的王医生规定我们每天都吃生的大蒜，所以我们队没一个拉肚子的。虹口区第四人民医院的16个人中，有13个拉肚子，实事求是地讲，他们那儿的环境比较差，我们还曾帮助他们挂盐水、做治疗。

我们第一批医疗队在唐山的救护工作共26天。撤离的时候，戴着红领巾的小朋友敲锣打鼓送我们，场面很感人。我们都知道，这其中很多小朋友实际上已经是孤儿了，想到这些，我们也是热泪盈眶的。我们把自己随身带的一点吃的，都送给了这些孩子们，表示一点心意。

虽然过去40年了，我对这段经历印象非常深刻。

上海市虹口区赴唐山地区抗震救灾医疗队合影

沈建人：

我参加救援唐山大地震的26天，对个人来说，不仅是我人生的难忘经历，更是一笔精神财富。

我出发的时候，正在上海第一人民医院骨科进修，当接到参加医疗队的通知时，我的指导老师王世林教授——年轻时参加了抗美援朝——告诉我，这是一个锻炼的机会。所以我马上就赶回自己的医院，等待第二天出发。那个时候人的思想境界真的很高，没有人考虑个人利益，都是考虑救援工作的需要。我们出发的时候，宁可多带科室里的东西，没有人多带生活用品。

我补充一个细节：火车到了南京过了长江以后，列车就广播了唐山大地震的新闻。当时我只有21岁，什么都不懂，以为地震就是地面开条缝，人要掉下去。记得非常清楚，上面给我们每人发两张报告纸，要求进入灾区后，每天记录今天跟谁在一起，跟谁一起工作，明天在什么地方，跟谁在一起工作。万一不幸发生了以后，人家至少知道我们是从上海来的，所以这张纸一直要放在胸口。这个时候我们是感到很害怕的。

在抗震救灾的过程中，我觉得三个关键词让我终生难忘。

第一是共产党员可敬。我们医疗队里面像杨老师这样的共产党员对大家很关照。晚上睡在机场里面，冷得发抖，他曾经在部队有经验，叫大家睡一会儿起来活动一下再睡，否则会生出毛病的。我们从杨村机场乘飞机到唐山去的时候，由于坐的是军用运输机，真的很吓人，舱门那边是开着的，刚开始上去还感觉好玩，结果发动机一开，机舱两边很热，像火炉一样烧，飞上天空以后又冷得不得了。解放军飞行员说：飞机要平衡，你们不要挤在一起，有一部分人要坐在口子那边去。坐在飞机舱门那就有可能掉下去的，我记得很清楚，医疗队的共产党员都坐在后面去了，往后坐很吓人的，一个是冷得吃不消，一个是恐惧得吃不消。

还有我非常敬佩的是，那天晚上发大水，伸手不见五指。水特别深，面盆、拖鞋等全部漂走了。那个时候韩士章让共产党员跟他走，结果党员全部跳在水里。那天晚上，在党员的带领下，大家保住了营地，保住了药品、器械。顺便说一下，在唐山市里面，有一个神奇的现象，房子全部倒塌了，视野可以看得很远很远，但是开滦煤矿研究所大门口的毛主席像没有倒。尽管大理石的底座已经有很大的裂缝，但是毛主席像不倒，当时老百姓讲这是神啊。

第二是子弟兵可爱。进入灾区时，我看见解放军战士穿着短裤、背心，只戴顶军帽，拿着铁锹排着队，跑步开进，这个场景使我非常感动。七月份的天气那么热，可有的楼房上还挂着尸体，有的脑袋露在外面，身体压在里面，都靠解放军把这些尸体弄下来，解放军身上都是臭味，但他们默默地坚持着。我们所在煤矿研究所的营地比较好，因为那是办公楼，晚上人们就回家了，所以遇难者比较少，尸体比较少，但也有味道。我们医疗队是救治活人的。解放军不仅在废墟中解救活人，还要把死难者搬运出来。解放军是唐山救援的最大功臣。

第三，医务人员也不差。巡诊是我们的任务，每天起床后就两个人一组带着医药箱出去了。有一次我们出去巡诊的时候，看见马路对面的解放军在挖尸体，马路这边是焦急等待的家属。我们看见一位老大娘，苦苦守了好几天，盼望着解放军把她女儿的尸体挖出来。我们就关心她，给她量血压，安慰她。我问她，如果挖出来是血肉模糊的女儿，你还认得她吗？她说认得，我女儿是护士，这天上夜班，手上戴着上海牌手表，那时上海牌手表是奢侈品，戴着上海牌手表的一定是我的女儿。我们听到很难过，我们只能安慰她，开导她。对当地的老百姓来说，骨折是不稀奇的。我们曾碰到一个婴儿，妈妈没了，爸爸活着，一直在拉肚子，身上有很长一个口子，都溃烂了，我们医务人员及时做了处理，还把发给医疗队的营养品送给婴儿父亲，那时周围的人都高呼：毛主席万岁！

虹口医疗队员外出医疗巡回时的照片

张秀珠:

我是五官科的。在唐山灾区五官科的日常小毛病是不多的,所以我总是背着医药箱,去处理外科如骨折之类的伤员,去帮着打绷带等。记得曾遇到一个伤员,经检查发现他的腿有一点扭转,这种情况大多是需要手术的,当时麻醉都准备好了,准备给他动手术。我上去帮他,试试看脚能动吗,结果一试,脚还很灵活,就没动手术,后来恢复得也很好。当时的手术条件不好,主要是消毒条件不合格,手术房是在帐篷里面再套一个帐篷,手术床也没有的,就是从废墟里弄来一个台子。所以能不手术就尽量不手术,如果感染了就不得了。

还有一次,我碰巧遇到了同事的舅舅。有一个人正在整理废墟,看到我们白大褂上印的虹口中心医院的字,就说:我的外甥女就在你们医院啊。我们就问她叫什么名字?他说叫王瑾侠。还是我的同学呢,原来是妇产科医生,这次没赴唐山。王瑾侠的舅舅很伤心地说:爱人和孩子都死了,家里只剩他一个人了,准备离开唐山。我们就送了一箱压缩饼干给他,他非常感谢。

那时,唐山有很多孤儿,当地人说你们既然来了,就带一个小婴儿回去吧。但那是不行的,上面有规定,我们不能带孩子回去的。

张可范：

唐山发生强烈地震的那天上午，我们就接到了区里的通知，准备到唐山抗震救灾。我是外科医生，当时在医院里负责业务工作，所以就以外科急诊为主组织医疗队。我们在医院待命到第六天，才坐火车北上，经过丰台、通县，来到了唐山丰润区。

在丰润车站，已见很多伤员往外转运，到处都是用树枝打的担架，情景很凄惨。接着，有汽车把我们送到迁西县，我们在那里开始救治病人。刚开始收治的七八个伤员，是辽宁医疗队留下的，伤势比较重，多是骨折的。刚到时，我们南方来的同志水土不服，开始拉肚子，但都坚持工作。8月21日后，我们跟区中心医院的医疗队留下的25人，还有上海第二医学院所属的四个医疗队，合并成立了丰润临时医院。

上海医疗队除了在丰润县设了一个临时医院外，市第一人民医院在唐山市里设立了临时医院，上海第一医学院在玉田县设了临时医院，我们上海医疗队在唐山救助了不少病人。因为唐山当地的医生，大部分已经受伤或者遇难，所以我们上海的医疗队就撑起那儿的医疗工作。

唐山当地领导对我们上海医疗队非常关心，不只在生活上关心，在思想方面也关心。我记得曾组织我们听过几次报告，我印象最深的报告，是唐山某煤矿的负责人李玉林作的，讲述地震发生后，他在第一时间到北京去向中央报告情况的过程，当时北京还不知道地震震中在什么地方。可是他的家人却在地震中死了九个，他报告讲到这里，下面哭声一片，这时，他就领着大家唱歌，唱《我是一个兵》，大家的情绪才有好转。他报告的内容现在还有人保存着。

有一天，市九医院的一个医生来跟我说：防震棚里有人认识你。我在那里人生地不熟，觉得很奇怪。那天我去棚里，发现四个轻伤病人，全部是唐山地区的医生。他们为什么认识我？因为我毕业于河北医学院，又是校学生会的干部，他们也是这个学校毕业的，自然认识我了。大家见了面挺高兴的。我就想能不能帮他们呢，但什么上海的特产也没有，后来发现还有上海带来的两块香肥皂，就送给了他们。第二天正好是八月十五中秋节，我们家从上海捎来了六个月饼，我留下一个，将五个月饼送给了他们，他们高兴得不得了。而我感觉能稍微给同学带去一点点的精神安慰，也觉得很开心。

我们在临时医院工作至9月25日才撤离。临走之前，我把所带去的两包医疗器械留给了唐山。我觉得，当时我们的确没有更大的力量帮助他们，尽这一点微薄之力，对他们是安慰，对我们也是安慰。

2011年地震35周年的时候，唐山市政府还给我寄了一封信。这封信现在我不知道放在哪儿了，他们大概知道我还活着，所以给了我一封信，感谢上海人民对唐山地震的帮助。确实，上海各个方面对他们还是提供了很大的帮助。

王长春：

我是第二批赴唐山救援的。

我们从天津转到丰润，那里也倒掉了很多的房子。那时，唐山丰润一带的人打招呼："哎，你还活着？"这个是最好的招呼了，唐山人民已经哭不出来了。

过了一个礼拜左右，上海新华医院、金山县人民医院、市二医院、市三医院，还有我们虹口中心医院，联合组建了一个灾区医院，叫丰润临时医院，有300张床位。医院有传染病科、外科、内科，还有泌尿科等。唐山市的病人就往这儿送，附近地区的病人也都送进来。那个时候重伤员已基本转运出去了，所以，医院也就能正常诊疗了，比如产妇生小孩等。当然，也会有较重的病号。印象深刻的是有个地震时受伤的病人，头皮里面都是蛆，真的很惨。

张子茵：

我是第二批医疗队员中留下参加丰润临时医院工作的25人之一。9月9日毛主席逝世时，我们正在唐山。我还保留着当年的日记呢。那天，我们正忙着贴红标语，准备迎接新战友。下午4点钟，广播里传来伟大领袖毛主席逝世的消息，医院里的哭声连成一片。我们把欢迎新战友的红色条幅拿下来，一起在化验室做了两百多朵小黄花，在食堂布置了灵堂，当中挂上毛主席的遗像，整个场面很沉重。

当时，我在传染病科，我们每个科室都做了花圈，各种各样的，不比上海做的差。中间那个"奠"字是用白纱做的花做成的，边上的小花，分别用紫药水、碘酒等染色，做成黄花、紫花等，再做成花圈。当时，在临时医院里工作的大多是年轻人，二医大的工农兵大学生也很多。大家就写歌颂毛主席、怀念毛主席的诗词，我日记里也记了不少。我们再把诗词抄录成条幅，挂在灵堂里。二医大后来运来了一台电视机，但是没有信号，后勤的同志就用一根接一根的竹竿竖起来架天线，这样我们就能看到9月18日全国召开追悼会的电视转播了。

我们是8月4日去唐山的，9月25日交接后离开了丰润临时医院，一个多月的战斗生活，与队友结成的革命友谊让人终生难忘。

吴顺德：

我和张可范队长一个队的。我们几个来自地段医院的与第四人民医院、区防疫站的人员组成一个医疗队。

在医疗救援中，我的日记里记录着有个叫陈秀珍的女伤员，地震后骨盆、手等多处骨折，因没有及时得到处理，伤口感染导致发烧，还伴有肺部感染。外科医生在处理手的伤口时，打开包扎绷带，发现伤口上都是蛆。我记得是横浜地段医院护士张子茵去处理的，小张用针筒把盐水打进去，蛆就跟着盐水流出来了。当时苍蝇很多，于是我们就在伤口部分，用铁丝和纱布做了一个罩子，把伤口罩好；处理伤口的时候就把罩子拿掉，这是医疗队当年防苍蝇叮伤口的的土办法。

临时医疗点条件很差，病人都是躺在帐篷里的地上的，所以每次清创时，医务人员也都是跪或蹲在地上操作，确实很辛苦。当时，有个女伤员的伤情严重，到底要不要转运出去？张队长等队领导们讨论了，最终决定留下，积极对她进行伤口清创护理和输液抗感染的处理。经过六天六夜的治疗，这个伤员的伤情好转了。我们医生、护士真是很敬业的。由于水土和环境等原因，医疗队中有三分之一的人拉肚子，有的队员第一天吊了一瓶盐水，第二天就主动不吊了，其实吊一瓶是不够的，但是考虑到伤病员更需要，队员就不大顾着自己，而是处处想着唐山人民。

当我们医疗队离开唐山时，当地的群众到火车站欢送，场面令人感动。

在撤离时，指导员对我说：有一些东西，比如队员们写的诗歌你拿着。我就把那些给带回来了，有些诗歌是蛮动情的。我还把党中央、河北省、唐山市的慰问信都带回来收藏了。我忘不了唐山抗震救灾的经历。当时上海的群众希望了解医疗队救援唐山的情况，我从唐山回来后，作了十几场的宣讲报告，听众达五六千人，最多的一场有一千多人，甚至上午、下午和晚上一天讲了三场，直到喉咙发不出声音。宣讲的重点是解放军抗震救灾的英勇事迹、唐山人民抗震精神和上海医疗队的救援情况。

唐山地震后，中共河北省大黑汀水库委员会、大黑汀水库指挥部给上海医疗队的感谢信我在去唐山的火车上，写了书面的入党申请书。之后入了党，我负责吴淞路地段医院院长、虹口区健康教育中心主任等领导工作。赴唐山救援这段经历对我的成长是很重要的。

徐惠琳：

我原是崇明海丰农场职工医院的医务人员，1973年被农场推荐到市第一人民医院医科大学，成为工农兵大学生。学习期间正好碰到1976年唐山大地震，那时我正在市第一人民医院妇产科实习。我是班干部，又是党员，应该积极带头，于是迅速地向党组织表决心，要求到抗震救灾的第一线，这一举动得到了学校老师的批准。我马上回家向爸妈打个招呼，带了两件白大褂、一个听诊器、一点钱和全国粮票，以及一点生活必需品，就赶回医院待命。

我们是8月4日上午10点53分离开上海站的，火车经过了南京后，就能看到前方来的列车里有被转运的伤员，有的包着脚，有的包着头。我看到这些场景时感到很难过，在心里默念当时的口号："山崩地裂志不移，一定要和灾区人民共战斗，更好地为灾区人民服务。"

此间，有一件事让我印象很深，值得讲讲。我是早班时接到赴唐山的命令的，我的一位男同学是中班，见我在医院待命，表示也想参加唐山医疗队，但名额已经满了，谁知他通过关系，跟着黄浦区中心医院的队伍上了火车。火车开动后，他就过来找我们，表示要和我们一起去战斗。但是，第一人民医院的带队负责人知道后说："我们不能少一个，也不能多一个！"一定叫这个同学回去。我们好感动，都舍不得，就跟领导说好话，觉得既然已经来了就让他去吧。领导坚持原则，称这是组织命令，一定要叫他在南京下车。最后，我们同学凑了一点车票钱给他，这个同学只得从南京下车，返回上海。

到唐山后，我被分在医疗队的妇产科。当时连产床都没有，我们给病人接生时，是用木板架起来的临时产床，跪在地上接生的。在一周内，我们做了不少手术。有一次，我们发现产妇出血不止，休克了，需要马上输血，医疗队员纷纷表示抽自己的血。病人的血型是AB型的，结果一个是我们班的女同学，还有一个是第一人民医院麻醉科的张医生，两人各献了240毫升血，挽救了一位产妇，体现了医务人员的高尚品德。

应该说，我们这些学生在唐山医疗救援工作中，学到了不少医疗知识和技能。记得一个病人要做死胎引流术，我在随队医生的指导下，在医疗设备简陋的情况下，用盐水瓶装水，一瓶接一瓶装下去，给子宫加压，直至宫口开齐，最后才把死胎给引了出来。小孩在羊水里面浸泡了五天，皮肤都烂了，手术时的味道很难闻，我们最后克服了困难，成功地救活了产妇，在当地传为佳话。当地人民送了我们一块匾，我们全组同志都受到了表扬。我们把匾带回来后，送给医院保存了，现在不知道还在不在。

随着时间的延续，外伤的伤员少了，为了防止传染病，我们走访每家每户，去发放药品，后来因药品货源供应跟不上，我们就到长城上的一个烽火台，去采中草药。早上步行去，晚上带回来，洗净后熬汤，再一户一户地送给当地群众，经过一个疗程的治疗，当地的传染病就被控制住了。

伍　平：

因为学了医学专业，我1975年被分配至防疫站工作。1976年唐山地震时，我正在下乡劳动。以往出得最远的门是杭州，所以当上了去唐山的火车时，我感到很新鲜。我们是最后一批赴唐山的，任务是把前面的几批替换回来，接下来就是灾后重建的阶段了。

我们的任务主要是控制大面积疾病的发生和传播，救援的医生是面对个体病人的，我们则是做群体的工作，具体就是研究如何科学而有效地使用漂白粉。在唐山，面对如此严重的灾情，如此大面积地防疫，这对于我的人生和专业，有很大的影响。

在随后的岁月里，我于1988年亲身经历了抗击"甲肝"防治工作；2003年，我参加了虹口区第一例"SARS"病人的防治，并成功地控制了二代病人的发生；接着，我又于2005年赴普吉岛，参加了海啸灾害的疾病控制；2008年，四川汶川大地震的灾后防疫工作我也去了。应该说，国内大型的暴发疾病和自然灾害防治工作我都参与了，国际的灾后救援我也经历了，而唐山大地震的救灾经历给我留下了最深刻的体验和启发，甚至可以说决定了我的职业发展方向。

唐山丰南地震抗震救灾纪念笔

唐山丰南地震抗震救灾纪念品

现在想想唐山地震时的救灾应急反应，真是问题太多，水平太差。政治上的原因，是当时的中国处于"文革"时期，国家发生了自然灾难，不说缺乏平时与有救灾机制和救灾技术的国家之间的交流，甚至还宣布拒绝外援。当时，国内完全没有应急措施建设，本身的技术发展非常落后，这怎能不是大教训呢。反过来，像我们经过了1988年上海"甲肝病毒"的流行，到了2003年防治SARS的时候，整个国家的应急反应就全面跟上了。何况，这时我们已经打开了国门，国外的各种措施和应对方案，我们都能加以借鉴。

苗冬英：

我是在市第一人民医院退休的，当时去唐山的时候，是国际和平妇幼保健医院的学生。当年，我记得是放假的时候，接到院长的电话，告诉我有这个任务。那时我正在服侍我姐姐坐月子，我妈妈也还没有退休，但我说没有困难，我就去了。老师和工宣队的领导跟我们说：你带一包盐，带点榨菜，带好换洗衣服。我有点激动，又害怕。第二天早上我们就出发了，8月4号到唐山，是第二批。在唐山，我就跟着我们的队长沈志方，他是国际和平妇幼保健院的主治医生，曾跋山涉水，为唐山当地的贫下中农孕妇接生。记得有一次，我们乘坐汽车的轮盘掉下来了，车子开不动了，我们就全部下车推，推到村里去给人接生。接生的时候，条件比较艰苦，我们自己弄了一个简易的临时产床，像战争年代那样，用小锅烧木柴来消毒，我们救治的病人，没有发生过一次感染。有一次，一个产妇被很急地送过来，因为是前置胎盘，出血很多，需要AB型血，我说我是AB型，我可以输给她，于是抽了我200毫升的血，把这个产妇救了，剖腹产生下一个儿子，我记得当时给他起名叫"重建"。产妇家属当时就很激动，如果不是上海的医疗队接生、抢救及时的话，大人、小孩就都没有命了。孩子很健康地生了下来，一家人都非常感激。

　　我是9月28号回来的，回来的时候，单位领导、同事热烈地欢迎我们，他们肯定了我们的成绩。我当年20岁，很高兴为唐山人民尽了一点点微薄之力。

大爱创造了奇迹

——白景儒、白海明、郭来访谈录

口 述 者：白景儒 白海明 郭 来

采 访 者：刘永海（唐山师范学院历史文化与法学系教授）

　　　　　郭　明（唐山师范学院历史文化与法学系在校生）

　　　　　赵　慧（唐山师范学院历史文化与法学系在校生）

时　　间：2016 年 4 月 8 日、4 月 27 日

地　　点：河北省秦皇岛海港区，白海明家中

　　　　　河北省迁安市城关镇小王庄东面烟台吴庄，郭来家中

采访白海明父子，左起刘永海，白海明、白景儒

白景儒，1938年生，地震时为唐山煤矿医学院（今华北理工大学）医生，现为秦皇岛市第一医院心内科主任。

白海明，1966年生，地震时10岁，现为国际海员。

郭　来，1941年生，地震时为66军589团一营教导员，后转业到唐山市房管局房地产权监理处，任处长。

引子

作为参与抢救"小明明"的医生中的一位，杨永年（原上海市虹口区中心医院药剂师、上海医疗队指导员）在2016年3月11日口述时回忆道：

我们医疗队开展医疗救援时，印象比较深的一件事，是救了一个被埋了七天的小男孩，我记得他的名字叫"小明明"。

据说，那天清晨，他有一个小伙伴，在废墟边听到下面有很微弱的声音，他感觉到是"小明明"，就叫来了"小明明"的父亲，后来又叫来了附近的解放军。解放军一边浇水，一边挖，当时不像现在有大量的机械，还有搜救犬，解放军就是靠手，这么一点点把埋了7天的"小明明"挖出来了。

我们医疗队不在挖掘现场，解放军把病人送到我们驻扎的地方，我们接收了这个病人，慢慢把他给救活了。我本来就想在地震40周年的时候写一篇回忆稿，现在你们来采访，也满足了我的心愿。

后来，"小明明"来过一次上海，寻找救命的上海医生。在虹口中心医院，他们父子送给我们每人一个杯子，送给医院一个唐三彩和一面"恩重如山"的锦旗留作纪念。"小明明"的父亲动情地说：如果没有你们虹口医生，这个孩子就是扒了出来也救不活，现在孩子长得这么好，多亏你们了。现场蛮感动的。

刘永海：您可以将地震被埋的经历作一个详细的介绍吗？

白海明：好的。1976年，应该是7月28日凌晨3点42分，地震了。毕竟那个时候我还小，像很多人一样，还不知道所发生的就是大灾难，一时不明白是怎么回事。我们家住在唐山煤矿医学院（按：后更名为华北煤炭医学院，现与河北理工大学合并为华北理工大学）的家属院。我家住一层，是一室一厅的户型，还加一个挺窄的小屋，属于咱们家以前厨房的那种小屋。小屋里有一个火炕，火炕的对面有一张带抽屉的书桌。唐山过去卫生间马桶冲水不是有挂在墙上的瓷缸子吗，我们家有两个瓷缸，正好在桌子下面，瓷缸上面跟下面抽屉之间就这么宽的距离（按：大约70厘米）。

地震的时候，不知道怎么回事，就这么一晃，我就被平着甩进这个小空间里面了。我的头、脸贴着桌子的底面，头下枕着这个瓷缸子，动也动不了，翻身也翻不了，就这么待着，非常恐惧。怎么哭喊也没用，不清楚什么时间没了气力，我应该是睡了。也不知道过了几天，应该是第二天或者是第三天，我就醒了，啥也看不见，黑灯瞎火的，闹不清出了什么事，我就喊我妈，喊我爸，但是没人理我。这是咋回事呢？我也不清楚。

当时我记得有个蚊帐，缠在我脖子上，怎么抻也抻不动。后来隔了几天，可能有点昏迷了，躺在那里做梦，梦到我妈在那织毛衣，我就喊我妈，我妈也不理我。现在想当时的情景，我可能是产生幻觉了。已经过了几天了，我还是死死地被困在原地，一点也不能动。吃喝肯定什么都没有，那时候想要吐口痰都不能，嘴里都是黏的，我就那么待了好几天。后来才知道，六天六夜。

刘永海： 您被压在里面的时候，周围的空间大吗？

白海明： 根本没有空间。

刘永海： 四肢可以动吗？

白海明： 动不了，翻身也翻不了。上面的书桌和底下的瓷缸之间，大概有70厘米宽，书桌就贴着我脑袋，里面什么都没有，就这样被困了七天。

白景儒： 我们住的楼上面是预制板，预制板掉下来，折了，刚好挡在那里，掉也掉不下去，两块预制板就挤着，土也掉不下来。

白海明： 我的脖子垫在搪瓷缸子上，脖子后面都给磨破了，现在还可以见到轻微的疤痕。

刘永海： 看来，刚刚发生地震的时候，您的意识还是挺清楚的，还可以喊？

白海明： 头一天两天，我还喊，过了几天，一是没了力气，二是没吃没喝，逐渐昏迷了，什么也不知道了。我被救出来时只剩下一把骨头了。

这里还得插一段，我父亲是唐山煤矿医学院附属医院的大夫，医疗水平挺高，口碑很好。28日发生的地震，我父亲正好不在唐山，他是26日去石家庄开会的，会议是河北省卫生厅组织的。到石家庄之后，他听说地震了，然后连夜赶上最后一班火车，坐到了北京。那时候路上全是赶往唐山的各种车辆和急匆匆的救援人员，可以说是人山人海，但到唐山这边的客运火车已经没有了，铁路根本不通。他就打听有没有到这边的过路汽车，挺凑巧，碰到唐山一个自行车厂拉嘎石（按：即电石，浸入水中能产生乙炔气体，上个世纪经常用来做照明灯）的车，老爷子还挺幸运，坐上了这辆车。司机还和我父亲认识，他们到唐山的路上走了24小时。

到了之后，我父亲就开始自己扒，找我妈、我弟、我妹。我老家在秦皇岛这边，老家有我奶奶、我姑姑、大叔、姥姥、老叔什么的，知道地震之后，他们跟我家失去了联系。之后，到了8月2日，我大爷跟我五姑，就背着工具、干粮到唐山找我们来了。他们2日到的，第二天，3日早晨，五点多钟，就继续扒我，还没有找到我，他们的意思是死要见尸，活要见人。早晨，我迷迷糊糊地听到我大爷、姑姑和我爸他们在唠嗑。我小时候在秦皇岛长大，对我大爷的说话声印象很深，我听到我大爷的声音，就用力喊我大爷，刚开始他们还不相信，没太注意。然后他就跟我爸说：好像听见小明明在喊我。我爸说：是真的吗？然后他们就喊我。我确认后，使劲喊我大爷，这样一来，他们才肯定我还活着。

刘永海：这应该是第七天了吧？

白海明：是的，就是8月3日早晨，也就是第七天早晨五点多钟的时候，我父亲一听，他们哥俩就赶紧根据声音的来向在废墟上扒我，然后发现不行。我父亲就说：赶紧找部队。就这样，他们找到了部队，正好赶上一营在附近。具体地说是197师589团一营一连一排的战士，他们的一排排长叫郭来。人来了以后，大家一起扒，扒的过程，是后来听郭来排长和我父亲说的。扒到最后，已经看到我了，废墟上的砖石瓦块量挺大，土挺多，怕把我呛着，战士们就一边泼水降尘一边扒。

白景儒：明明出来的时候都脱水了，大便都是干的。幸亏他被埋的时候，里边空间小，要是大一点，他能活动，在里面连喊带折腾，体力早就消耗没了，也就没命了。

刘永海：具体扒的过程是怎么样的？

白景儒：就像明明说的，早晨五点多钟，那个时候天热，越早越安静，等上午人出来以后，都乱了，外面乱糟糟的，什么也听不见，有哭的，有喊的，人们当时都是四五点钟就起来了。

7月26日，我从唐山到石家庄开会，27日晚六点到的石家庄，28日凌晨的时候，地震了。地震的时候，石家庄也挺厉害。当时我们也不知道是哪里地震，听说是渤海这一带。我猜就是唐山、天津这边了。后来，我坐了一辆火车，到北京之后十二点多，然后找了一辆汽车，赶了回来。当时进唐山很困难，出去的车全是往外拉伤员的，人们都在喊自己家属的名字，谁也不知道家人到底是死是活，就希望能在伤员中找到家人，无论如何，即便受伤了，总算保住一条命。进去的车全是拉救灾物资的，还有拼命赶路的部队，当时的救援人员就是这么进去的。

我记得路堵得很厉害，堵得最厉害的一段是从玉田往唐山那边的路，路上帐篷很多。人们都在喊，只要拉伤员的车一停下，人们就喊自己家属的名字，我也在搭乘的车里喊，到处找。车开得很慢，足足坐了24个小时，我才到达唐山。到唐山煤矿医学院的时候，我连家的具体位置也找不到了，全都是废墟。费了很大的劲，我才确定了家的位置，但家里的人全找不到了，我就一点一点地在废墟上找。我们家中，第一个找到的是他弟弟（按：白海明的弟弟），也是被解放军救出来的。唐山机场的几个解放军，还有两个解放军是女的，把他给救出来了。他被压在床底下，被救出来之后，他从外面对着石头缝往里喊，找他妈，找他哥。

刘永海：刚开始被救出的只有弟弟？

白景儒：找孩子他妈，没有；当时想的是，一种可能是被拉走了，还一种可能是还在里面。他妈和他妹妹是在1号左右被挖出来的。就是我一个人挖，所有的救援队都在找活人，找死人的话，都是自己一个找，要是发现哪有活人的话，人们会一起挖。当时很多家庭都没了，大家都是先扒活人，再扒死人。我找到他妈和他妹妹以后，人早就死了，我找了条棉被把她们给裹起来了。

白海明：找我妹妹和我妈妈，全都是我父亲一个人扒的。

白景儒：我们住的是三层楼，全部都塌下来了，都是石头。救小明明那天，先是我哥和我妹到了，听到了声音后，我就赶紧找解放军，197师589团，一个排的部分人员，十多个人。

刘永海：用手扒的，还是用的工具？

白海明：全都是手扒，我父亲一直找我，扒我把手指头盖都扒没了。

白景儒：当时没有工具，如果是碎石头，就往外捡；大石头，能扛动多少就搬多少，后来郭来教导员说这样不行，会把孩子呛着。大家就想办法找水降尘。那个时候哪有什么自来水呀，包括喝的都是水沟里的脏水，放点黄宁苏就对付着喝了，吃的更没有。我们从水沟里找到水，边扒边泼水。遇到碎石头，我们就用搪瓷洗脸盆一盆一盆往外端，那时候都是搪瓷盆，没有塑料盆。遇到大石头，就想办法往外撬，撬的时候就用木棍就行了，没有别的工具；有铁锹，也不敢用，没有缝隙用不上，有缝隙也怕伤到他，因为不知道当时里面是什么情况，所以用不了，大家都是用手扒。扒着扒着，有一块预制板落下来了，一个战士赶紧冲过去，拿肩膀硬是给扛住了，也不知道人家叫什么名字。这么多人，费了这么大的劲，就这么给扒出来了。孩子救出时，周围围了好多人。

刘永海：从解放军到来，直至救出明明，持续了几个小时？

白景儒：将近两个小时才彻底救出来。

刘永海：救出来之后，上海医疗队就在旁边吗？

白景儒：刚开始没有，那时候部队里有卫生队，卫生队里有两个军医，叫做意喜贤、毛同生，排长叫意图钻（音）。

白海明：当时我出来以后，还没有上海医疗队吧？

白景儒：部队里有抗震的项目，出来以后直接去部队了，两个军医还有我，我也是医生，就赶紧吊液体，输液。这时候上海医疗队来了，他们当时在路南区，我看上海医疗队的文件上说，好像他们出了八百七十多人，组成了56

个小分队，这个小分队是上海虹口区中心医院的一个小分队，一个分队十五六个人，基本上一个医院算一个分队。后来给他们送信，上海医疗队就直接过来了，一共是五个大夫，一个队长带着四个大夫，队长是个外科医生，儿科大夫是范薇薇，内科大夫是沈医生。

刘永海：您出来的时候意识还清醒吗？

白海明：印象中是迷迷糊糊的。

白景儒：意识已经是不清醒了，血压基本测不到，心跳得很快，嘴巴那里都是干的，只剩下皮包骨了。

刘永海：上海医疗队救治的情况是怎样的？

白景儒：当时在商量，能不能转出去，用直升机转出去，唐山的医院不能救治，不具备条件；但转出去的话，得上飞机，病情不稳定，恐怕还出其他的问题。当时我和上海医疗队的沈医生商量，如果有条件的话，能否就在咱们唐山这里治。后来上海医疗队说，急救药品他们那里都有，血浆之类的，抢救心脏功能的药他们那里也都有，就在唐山这边治吧，然后就留在这里了。

医治地点就在部队设的帐篷里，条件还可以，跟他们军人住在一起。病情没有稳定的时候，上海医疗队的大夫们天天来；病情稳定之后，就隔两天来一次，当时外面还有别的伤员，他们就去处理别的伤员了，这边还顾着他。完全稳定之后，大概过了两周，大夫们就逐渐撤了；也不是都撤了，范医生和沈医生一直都在。

刘永海：这真是非常传奇的一段经历。刚刚我看照片，您后来还跟医疗队的沈医生有很多往来？

白海明：对。我1977年回到了秦皇岛，我父亲先把我安排到了秦皇岛这边，他自己一个人在唐山那里工作。他是大夫，也得治疗病人，那时救治地震伤员的工作非常繁忙，我父亲没多少时间照顾我，就把我和弟弟安排到了我奶奶家，我继续上学。那一年，我们爷俩专门去了上海看望大夫们，我父亲还做了一面锦旗，下火车时，一着急，把锦旗落在了车上；我父亲又去追火车，把锦旗追回来了。

白景儒：我记得锦旗上写了八个字：情深似海，恩重如山。

刘永海：你们也就是1977年去过一次上海，以后还去过吗？

白海明：以后没有，当时我在上学，我父亲工作也忙，抽不出时间。

白景儒：当时抗震医院事挺多，还要重建医院。当时医院搭的都是简易病房。

白海明：那时候通讯手段也不像咱们现在这样方便，也不能留电话。

刘永海：上海社科院历史所的金教授说，联系虹口区医院大夫们的事情差不多了，说到时候让咱们过去。

白景儒：这以前，我还找过一次虹口区中心医院，他们说已经改成中西医结合医院了，我说找儿科的范大夫。过了四十多年，她也有六十多岁了，听说她出国了，考研考博什么的，出去了。沈医生也差不多这个年龄吧。

刘永海：白大哥比较幸运，虽然被困在里面了，但是没有被伤到。

白海明：对，我比较幸运，待的地方好。我现在知道如果当时越喊越闹，越消耗体力，就支撑不到被救的时候了。

刘永海：各种因素综合在了一起，地震被埋是不幸，奇迹般被救又是万幸，要是当时您喊的声音没有让外面的人听到，又是另外的结果了。

白海明：对，那天早晨他们哥俩在那唠嗑，一边扒我，一边唠，我一喊，我大爷一听，我父亲也怀疑。说实话，我父亲把埋葬我的土坑都挖好了，被埋了好几天，哪能活啊。我小时候是运动员，爱穿运动鞋，我爸已经给我新买了一双白球鞋，想着跟我一块儿埋了。

刘永海：大难不死，必有后福。

1977年，白海明与上海医疗队范医生合影
（背景为上海外滩）

白景儒：唐山地震属于20世纪的十大灾难之一。

刘永海：确实是世界上受害程度最大的地震。

白景儒：据报道，当时死了24.2万多人，伤了16.4万多人，一千七百多人终身残疾，孤儿大概四千，一万多个家庭都不完整，七千多个家庭断炊绝烟了，全家覆灭了。挺惨的，我们能生存下来挺不容易的。

刘永海：对，大家一起从死神手里抢回了白大哥一条命。

白海明：多种因素结合在一起，包括后期救我的人，还有我父亲坚持不懈的努力，对我没放弃。

白景儒：当时那个时候，在那种政治背景下，华国锋总理去了唐山，他还接见了解放军郭来，说听说你们部队救出一个小孩，华国锋说代表毛主席感谢你们。当时党中央、毛主席对地震灾区人民给与了极大的关怀，救灾物资陆续都过来了，几乎把全国的力量都动员了，如果单靠一个人的力量肯定不行。我这里还有部队的照片，现在我们和郭来还有走动。现在地震有探测，以前都没有，很多人可能都是因为没有及时扒他们，错过了最佳的救治时间。另外，明明在1977年的2月，有一个讲话录音，在中央人民广播电台少儿节目播出过。

刘永海：现在还有这个录音资料吗？

白景儒：我这里没有了，应该是2月12号，播了好几遍。广播电台肯定有保存吧。

刘永海：我发现您挺重视收集地震这方面资料的，您保存的照片和相关报道，现在是很珍贵的史料了。

白海明：我们很感谢所有救治过我的人。

刘永海：今年是唐山地震40周年。我们唐山师范学院历史系与上海市委党

刘永海采访郭来，右为郭来

史研究室"上海救援唐山大地震"课题组合作，现就当年部队和上海虹口的医生联手救出"小明明"一事进行采访。

郭　来：我在部队干了20年，后来转业到唐山房管局，又干了20年，现在退休十多年了。40年啦，但那场灾难和解救小明明的情景，仍然历历在目。

刘永海：地震时您及您所在部队的情况是怎样的？

郭　来：地震时，我所在的部队为陆军66军。其中，197师589团驻唐山市

东矿区赵各庄（今古冶），我在一营当教导员。强震发生时，我团本身就驻营在灾区，也有十多人遇难。但第一时间就由负伤的团长、参谋长组成了抗震救灾指挥所，下达了救人的命令，大约两小时内，救出数百人。接着，全团出动了11个连队，两天内救护驻地群众1251人，急救、包扎负伤群众两千多人次。我们一副营长家中四位亲属遇难，但他仍然带着队伍战斗在第一线。因我团组织自救互救，成绩突出，中央军委荣记集体二等功。

刘永海：就此，可以说你们是最早进行抗震救灾的解放军部队。

郭　来：是的，因为部队驻在东矿，就近方便，况且想往别处走也走不了。道路都震坏了，汽车都动不了。救了一天，到28日晚上，银行、百货商店都派上警卫看着了。29日又抢救了一天，东北的救援部队就开进唐山了。

上午，上级告诉我，要组织一个连去维持秩序，以便接东北的部队顺利进入唐山，因为地震的时候，滦县大桥断了，路的两边都是灾民，要让东北入唐部队的车开过来。我们那天上午主要是干这个活。29日下午，好多部队都来了，像河北66军，东北的40、39军等，都是分片负责救灾的。我们197师被划分到了当时的唐山市革委会那片。那一片的道路都堵上了，第一辆车是我们副营长领着进去的。当时的条件十分简陋，没有帐篷，也没有背包，有的人只穿着裤衩，有的人还没穿上衣，武器也没带，急急忙忙就来了。这样，我们就开始寻找驻扎的地方。我找到了今煤医那边（按：唐山煤矿医学院，今属华北理工大学），那院里有不少大树，树荫浓，可供战士休息，毕竟部队如果没有体力也不好完成任务啊！同时地势也比较高，下雨也不至于涝水，很适合驻扎设营地，挺好，就这么定了。接着，我们就马上布置搜救，开始主要是扒活人，过了三四天，活人没什么希望了，就开始扒遇难者。尸体一具一具扒出来之后，用那种黑色的大塑料袋子装起来，移到路边。

刘永海：是等着其他的部队运走？

郭　来：不是，自己挖，自己埋。记得我们扒的尸体主要掩埋在路北区机场楼一带，那边有个大坑，尸体都埋到了那边。尸体推进大坑以后，再撒石灰用以消毒。7月，正是天热的时候，四五点钟部队就起来开始工作，也不出操了，也不学习了，每天就是扒活人，扒死人，就干这些活儿。

刘永海：怎么发现小明明的？

郭　来：煤矿医学院里面有个标本室，讲课用的。我们的任务是在这个位置上扒人。小明明老家是秦皇岛人，他有个二大爷，2号赶到了唐山；他爸白景儒在石家庄开会，2号也赶了回来，哥俩就碰面了。白家被压在废墟里的除小明明外，还有他的妈妈和小妹妹，后来发现她俩都遇难了。小三岁的弟弟白海翔比较幸运，几天后从废墟里出来的，只是胳膊被砸伤了，所以挎着一个胳膊。第二天早晨，天还没亮，白景儒哥俩就开始扒人。

这个小明明，是被秦皇岛的爷爷奶奶拉扯大的，跟爷爷奶奶亲，跟他二大爷感情也深。这哥俩一边扒人一边说话，小明明听见了，他对二大爷声音非常熟悉，然后开始叫，声音很小，跟小猫似的。白景儒哥俩儿恍惚听到有人喊，但听不清。然后找来一个小孩，小孩子的耳朵比大人灵敏呀！这孩子一听，说：是，是有人。这么着，哥俩赶紧就去找解放军。

搜救小明明现场

小明明被搜救出来

刘永海：你们部队正好在附近吗？

　郭　来：对，那是8月3日清晨5时许，我率部队一个排，正赶到那里准备执
行别的任务。白景儒跑来报告了，因为我岁数比较大些，大小也是个领导。我
一听此情况，就说：现在这个就是任务。当时扒人，扒活人，哪怕只有点滴的
希望，也要百分百努力。我和排长立即带领全排战士，跑步赶到现场。不久，
团长和卫生队医生也赶来了。但我在现场始终没有听清下面有声音，越着急越
听不见。有个小孩说，我听见了，就在这里，有声音，很细小的声音。这样，
我们确定了小明明的大致位置。

刘永海：小明明在下面埋了这么久，你们是怎么施救的？

　郭　来：当时，我就跟排长商量怎么扒。我说，最要紧的是不能使用工具，
使用工具碰到人之后，万一人家没被砸死，被你工具给不小心伤到了，这可不

行啊！再说，当时也没有现在这样先进的工具，只有棍子之类的东西。所以我说，咱们扒的过程，分两层作业，一层从废墟上层入手，因为它这个楼房的构造是格子楼，是石头垒的，跟其他的房子不一样，比较疏松，倒塌之后也只有两层，先从上面扒，可以减轻这个压力。现在找到了这个点，具体位置不清楚，但方向清楚，上面一个班挖，下面一层再让一个班横着挖，这样从纵横两个方向进入。倾斜的屋顶随时都有掉下来的危险。为了不伤着小明明，战士们用双手扒掉了一米多高、两米多长的断墙后，再扒出一个洞口。此时，余震发生了，一块水泥板突然下滑，一个大砖垛松动倾斜，战士们临危不惧，果断地用身体撑住，保障了抢救工作的顺利进行。

刘永海：看来救助小明明不是那么容易的。

郭　来：开始扒时，我就觉得不对劲，烟尘太厉害，特别呛。小明明被埋了一个星期，生命已经到了极限，千万别地震没把人压死，救人时把人呛死了。所以，我叫战士们扒的时候必须得泼水。大家就用锅碗瓢盆开始接水往里面泼，泼一遍水，扒一层土。真的，要是不泼水，就会被灰尘呛得窒息。因为往下泼水了，小明明被溅到了一点，有些兴奋了，声音也变得有些大了，这样就帮我们找到了具体位置。

刘永海：是你亲自从洞里把小明明抱出来的呀！

郭　来：地震七八天了居然还有活人，大家都很兴奋。当时救人的有不少都是年轻的战士，我怕他们控制不了力道，就自己进去了。我从洞里进去后，在楼角上发现一个小桌子。那个小桌子上边有一个老式厕所的那种水箱，震前是用来放粮食杂物的，我记得里面有一包挂面，还有点杂粮之类。地震时不知道怎么一股力，就把小明明弹射到那里了。他在那躺着，稍微可以动，但是起不来，也出不去。他的位置非常好：恰巧在桌子下边，水箱的上边，被嵌在那里。事实上，他不能动反而好了，最大程度地保存了体力。扒着扒着，我看到小明明的脚了，接着再清除小明明身上的砖灰，就把小明明抱了出来。

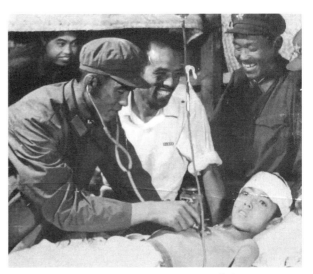

抢救小明明现场

刘永海：把小明明抱出来时的情况怎么样啊！

郭　来：被埋压了147小时的小明明获救了，在场的人热泪盈眶。当时，他整个人瘦成了皮包骨头，不到20斤，严重脱水了。他的脖子后边硌在水箱上，流出来的血都干了，排的大便也都干了。在扒的过程中，有一个医生、一个医助、两个卫生员时刻在周围准备着。救出后，医生准备氧气管，就怕他缺氧。那时候也没有什么好药。一个礼拜看不到太阳，猛地一见阳光，眼睛会被刺到，所以旁边搭了一个非常简单的小帐篷，找了个褥单，弄几根木棍一支，能遮阳就行。小明明的父亲是医生，他把葡萄糖液送到小明明嘴边时，激动地说："孩子，喝吧，这是毛主席派人送来的！"以后，我们就把小明明交给医生了。

刘永海：扒救的过程持续了多长时间？

郭　来：有一个多小时，五点多扒的，快七点才扒出来。

刘永海：现场参与扒的人有多少？

郭　来：很多，一个排，三个班，很多当兵的手都流血了，不能让一个人干，得大家轮着干。加上卫生所的人，得有四十多人呢。

刘永海：旁边有群众吗？

郭　来：有，小明明他爸、他大爷就在那，群众也在，大清早的，具体多少，就不清楚了，顾不上这个了。

刘永海：扒完了之后，第二天就转给了上海医疗队？

郭　来：军队中也有卫生所，刚开始是由他们救治。后来我们叫来了上海医疗队。

刘永海：此后的小明明是怎么救治的？

郭　来：小明明救出后，我也去看过他几次。我也知道一些上海医疗队的事，有上海医生在，这事就不用咱们操心，咱们也不是这个专业，没人家主意多。我听他们商量着，有人建议转运到外边救治，后来综合考虑，还是决定就地治疗。就前几天（2016年4月24日）咱们去上海的时候看望的那几个外科大夫、内科大夫、儿科大夫给治的，人家当时检查一看，有生命体征，骨头没受伤，就是呼吸系统有问题，决定当地保守治疗，应该慢慢就能恢复。后面的事我就不知道了，还有其他的搜救任务啊。

刘永海：小明明被救出后，社会反应怎么样？

郭　来：当时就产生了轰动效应。大家一听说震后七天，废墟中还有活人呢，都很激动。这就是说，还有可能找到活人——他能活，别人不能活？所以，这件事又激起了新的一轮搜救热情。夜深人静的时候，大伙儿拿着管子去废墟上听，只要听见动静，就动手扒。以后，就有了扒出活鸡、活鸭、活狗的，还有扒出活鹦鹉的，总之，只要是活的，就得扒出来。其他部队最后扒出的是哪些人我不知道，我们部队扒出的就是小明明。

为什么这孩子能活？好多人不理解，这六七天，他没吃啥没喝啥的。我想，可能是因为他们家这个楼是石头垒的，空隙大，空气流通比砖墙效果好，这是第一；第二就是他没受伤，使他能安全地活过来；第三个就是扒他的过程中，没用工具，救助方法得当，解放军边扒边泼水。后来，在总结经验的时候，上海的大夫都说这个处理方法非常好。我那时候也是急中生智。

刘永海：40年一晃就过去了。您手里还有救助小明明时的资料吗？

郭　来：有一张跟小明明的合照。

刘永海：听说郭海平（郭来之子）那里有一套抗震30年时的唐山电台采访录音？

郭　来：有的，是个老式的光盘，现在还保存在唐山的家中。我可以转给上海的课题组。

被救一年后，小明明随父亲看望救他出来的解放军郭来

唐山救援：患难与共

——冯騄口述

口 述 者：冯　騄

采 访 者：刘红菊（上海中医药大学党史校史办公室副编审）

　　　　　季　伟（上海中医药大学团委专职干部）

　　　　　顾　懿（上海中医药大学在校本科生）

　　　　　飞文婷（上海中医药大学在校本科生）

时　　间：2016年3月14日

地　　点：上海中医药大学图书信息大楼709房间

前排左一为冯騑

冯騑，1958年生。1976年参加工作。曾任上海中医药大学出版社财务科科长。1976年作为后勤人员赴唐山参加唐山大地震医疗救援工作。

报名

唐山大地震发生的时候，我十八岁，刚刚高中毕业，被分到中医学院后勤处工作。我是通过报纸了解到唐山发生了地震的消息的，而且当时报纸也没有大幅刊登。我记得那天是星期一。一上班，我们就接到学校的通知：市委有一个决定，上海要派出医疗队赶赴地震现场，负责医疗救援工作。

不过，我当时并非医学专业人员，所以一开始觉得医疗队一事与自己关系不大，也没放在心上。十点左右，学校开始组织大家报名，并说明除了需要医疗队员外，上面还要组织一个指挥部，因此也需要一些后勤人员、通讯员，我就去报名了。第二天，名单出来了，我在上面。

出征

我记得我们当时乘坐的是"沪京"火车。我有些晕车，火车一开动，我就迷迷糊糊的，只记得上面会定时、定量地给每个人发一点压缩饼干。过了一夜，火车到了天津；一到那里，我们就被卡车送去了灾区。

马路两旁堆满了尸体，卡车在行进的时候有点儿困难。我们就下车帮着解放军一起挖坑、掩埋尸体。有的时候坑挖好了，尸体放进去了，但是却来不及埋，因为又有更多的尸体运过来了。我那时候才十八岁，那是我第一次出远门，第一次坐火车，第一次亲眼见到那么可怕的场景——这些都让我终生难忘。

救援

我们一共在灾区待了十天左右，救援地点是唐山的市中心。进入灾区，满眼都是忙忙碌碌、疾步快走的人，他们当中有解放军，也有当地居民，还有医疗救援的人。医疗队和当地的指挥部接洽后，医生们马上被派到了第一线，而我当时的主要工作则是联络和烧饭。

烧饭主要是烧稀饭，一方面能给过往的人补充水分，另一方面稍微能填补点肚子。大家都没有固定的时间吃饭，一般是随身装几块压缩饼干，饿了就拿出来吃两口，渴了就过来喝碗稀饭。我们的一切活动以救灾为主，生活没有规律可言，时时刻刻都在忙着救援。作为学校的联络点，我们接到地震救援总指挥部的任务和要求后，再具体落实，同事间的交谈仅限于在布置和接受任务的时候。

大震之后有余震，而余震的震级有时会达到五点几级，原本一些被震得摇摇晃晃的房子，余震之后就彻底塌了下来，又有一大批人被埋了进去。往事不堪回首，若非我亲身经历，这些惨景真是不敢想象。我记得当时的天气十分反常，炎热至极，脚踩到水洼里，感觉水要沸腾起来了。大热之后便下了大雨。一天晚上，雷电交加，大雨倾盆，余震又来了，我瞬间就被震晕了过去。

醒过来之后，我发现自己躺在地上，旁边就是一道道裂开的地缝。当时天非常黑，我只能靠不时的闪电的亮度，才能看清身边的场景。地缝有多深，我不敢去张望，总感觉有一股无形的吸力要将我拽进去。地缝中不断有雾冒出，还混合着雨水和泥浆的岩石一块块掉下去的声音。我摸一摸自己的身体，雨衣还在，帐篷、桌椅都被大风吹走了，身边有谁、有什么东西都看不清。

等天稍微蒙蒙亮的时候，我才看清一点，周围都是泥浆，全都是被风雨摧残得不像样的景象。余震之前，我们还能听到废墟中幸存者的呼喊声，解放军顺着这些呼喊声尽力搜救；可是等再次震过之后，一切都恢复了寂静，房子都塌平了，什么声音也没有了。后怕之余，我庆幸自己还活着。

余震之后，我们的工作更繁重了，要将余震后救出的病员，转移到震区外围，等待后续救援。由于交通不便利，我们基本上都是靠人背或者小车子推病员。什么工具都没有，我们挖石头用手，抬伤员也用手。

由于伙食条件也跟不上，许多同事的身体都垮了下来，不是发高热就是呕吐，或者得了痢疾。刚开始拉肚子的时候，我不敢说，后来我们的领队老潘和另一位同志也开始拉肚子，人都虚脱了，这时候大家才意识到情况的严峻，就赶紧在灾区外围搭建了简陋的房屋，让身体虚弱的同事搬过去。此时我们接到通知：下一批医疗队马上要来了，要求我们返回上海。

撤退

等我们坐在了返程的火车上重新相聚时，所有人都松了一口气，一放松下来，几个同伴发现自己已经在发高烧了，之前竟完全都没有意识到。带队老潘（音：潘星年）也非常欣慰："我带了多少人来，也带了多少人回去。"

我们这批医疗队，只能说是赈灾医疗队，接下来的那一批，才正式叫作第一批抗震救援医疗队。

回来之后，我的内心也很焦急，一方面觉得唐山急需救援，可又不敢说那里的情况有多么糟糕，因为学校后续还要派医疗队过去，如果对别人说唐山条件非常恶劣、甚至有生命之忧的话，会影响救援队组建的。所以，我当时表现得还挺平静，连家人也什么都没有说。

从唐山回来之后，我发现自己的关节非常酸痛，一开始不明白原因，后来意识到：自己本身体质就不太好，再加上去唐山的那几天连降暴雨，白天泡在雨水中，晚上睡在潮湿的地上，所以得了关节炎。本来我很喜欢游泳，后来因为这件事，我都没敢去游泳了。

感悟

能去唐山抗震，是我人生中一次宝贵的经历。我深深地意识到生命的可贵：生命只有一次，不要到最后一刻才后悔自己一事无成。所以回到单位之后，工作上只要我能做的都去做，凡是自己能够付出的就去付出，不会再斤斤计较。

经历过这一次艰辛，也让我学会去正视一切困难。面临生死的时候，再大的困难都不是困难，生活工作中遇到的困难、坎坷，在生命面前都不值一提。

我们要好好地生活，认真地生活。

救援现场的点滴回忆

——周蓉、陈汉平口述

口 述 者：周　蓉　陈汉平

采 访 者：赵震宇（上海中医药大学附属岳阳中西医结合医院院长办公室副主任）

王莉芳（上海中医药大学附属岳阳中西医结合医院院长办公室科员）

时　　间：2016年3月17日、2016年3月22日

地　　点：上海中医药大学附属岳阳中西医结合医院8号楼多功能厅

周蓉, 1954 年生。1973 年参加工作。赴唐山前任医院团委委员、团支部书记、中医外科住院医师。1976 年 7 月参加岳阳医院第一批赴唐山医疗队, 担任中医外科住院医师, 同时为通信员。

陈汉平, 1937 年生, 1963 年毕业于上海中医学院。享受国务院特殊津贴。曾任上海中医学院副院长、上海市中医药研究院副院长、世界卫生组织传统医学合作中心主任、上海市针灸经络研究所所长、《上海针灸杂志》编委会主任等职。1976 年作为龙华医院第二批医疗队队长奔赴唐山参加救援工作。

周　蓉:

接到前往唐山救援的通知时,我们被要求轻装上阵,只能带必需品。因此,每个人只带了工作时穿的短装白大衣一件、替换长裤一条以及内衣,还有两只碗、一副筷子、一支牙刷、一管牙膏和一斤压缩饼干,毛巾则系在斜跨军用包上。

我们医疗队携带的手术室用具,装在一个一米见方的木箱里,由两名西外科手术医生抬着。换药器械、生理盐水以及利凡诺溶液,则由我和另外两名护士负责携带。高压消毒锅、麻醉用品由麻醉师和护士长负责携带。其他的人要带三顶帐篷——作手术室、换药室及宿舍用,十五顶蚊帐以及野外烧饭铁锅和钢精锅、刀具、铲具等等。光三顶帐篷的铁棍就非常沉重,而且我们要不停地转换交通工具,所以携带这些东西的人感觉非常吃力。

7月31日下午,我们到达驻地。第一件事是搬运尸体,搭建好帐篷,作为手术室、宿舍。正忙着,我们发现就有危重病人被送过来了。于是一名手术医生、一名麻醉师、护士长以及两名护士,几人在帐篷内忙乎起来了。直到第二天凌晨三点多,我们队做了多台手术,大家稍事休息后,又急急忙忙地开始了工作。

我们搭门诊治疗帐篷和居住帐篷的时候,换药病人也陆续来了。好在八大处机场有电照明,我们的工作开展起来也没有那么不便利。指导员他们还要挖掩埋医疗污物和排泄物的壕沟。

刚到的前三四天,我们的工作强度很大。压缩饼干吃完了,后期食物却还没到,眼看着空投的食物着地,我们也不能去抢——这是纪律。老百姓的口粮锅在冒热气,我们虽然饥肠辘辘,却不敢多看一眼——眼馋会流口水的啊!只要有病人,我们就得随叫随到,因此只能和衣而睡,或者打个小盹。送来的都是垂危病人,需抢救或转院治疗。

伤员特多，有的需要做手术，有的需要包扎。我们按照病情的轻重缓急情况，将病人分成不同类，重症患者通过飞机、火车或卡车转移到外地，接受更好的治疗。我们先询问病人的病史，初步诊断后，填写诊断，并根据病情为患者推荐医院。工作紧张却有序地进行着，每个人的工作服上都是有白色的盐花，却无暇顾及。

地震后的气候极其反常。白天骄阳似火，地面超过40℃；夜晚倾盆大雨，雷电交加，污物横流——传染病因此暴发了。发烧、腹泻、胃肠道疾病患者到处都是。有几位医生也因支持不住而病倒了。可怜的医生是没有时间生病的，病了还得待在岗位上，只有在把所有的病人都安顿好了之后，他们才能趴着睡会儿，而且从来都是和衣而睡。

因为胃肠道疾病暴发了，指挥部要求每名医护人员吃生大蒜。这对我们南方人来说有点勉强。生大蒜难闻、难嚼，更难以下咽，指导员把这交待成任务，亲自监督每个人完成。他，一北方大个儿，吃得好香；我为了完成任务，大蒜入口嚼了三两下后就往下咽，随之而来的却是剧烈的腹痛、痉挛、冒虚汗，把大家都吓坏了。看来南方人的肠胃适应不了，此后再也没人劝我生吃大蒜了。

每天都有几十人来换药，有手术后的病人，也有外伤的、有待转院的、有内科疾病的，等等。记得我们刚到的第二天一早，有个16岁的男孩，穿着大人的长袖衬衫，一双小脚套着双40码的鞋，手捧一只很大的空碗，一拐一拐地向我们换药室走来。撩起他的衣服的时候，大家都惊呆了。他没有穿内衣裤，整个腹部黑黑的，上面有一层厚厚的坏死痂皮，臭臭的，属于深二度烫伤。整个换药过程很惨烈。

我们希望清创，但做不到，因为大部分死痂与皮下组织紧粘附着，没法分离。修剪边缘处的时候，我只听见小男孩带着哭腔说："我不哭，我不哭。"

可他还是忍不住大哭。为他换药的我，泪水、汗水也止不住地淌出。38℃的高温天，我们用利凡诺、棉垫、绷带帮他把伤口缠上，这等于帮他穿了条紧身裤，感染在所难免。不过，在那缺医少药的年代，人的生命力是顽强的。那些场面，我如今想来都有些后怕。

换好药后，他捧着那只碗，又一拐一瘸（右小腿腓神经损伤）向发放米粥的广场走去了。我们目送他走了大概500米，但我们不能送他去广场，因为哪怕我们饿昏了，也不能向老百姓发放口粮的地点靠拢，这是纪律。每天为这个孩子换药是一件很残忍的事：清洗创面，揭开粘附皮肤的纱布，修剪坏死创面，然后包扎，还要为他施行针灸，我们希望这对损伤的腓神经有修复作用。持续换药五天后，孩子终于被送出去治疗了。因为在当时他算轻伤员，所以我们在填表时，建议送他到上海瑞金医院接受后续治疗。

陈汉平：

第二批出发的医务人员参加了由上海中医学院组织的医疗团，我担任其中一支医疗队的队长。当时龙华医院的队伍中，有之后被调到岳阳医院的曹忠良。那时候，岳阳医院参加医疗队的人员有宗志国、张佩华、范金娣等。第二批医疗队于8月6日出发，火车转汽车之后，我们到达河北迁西县。迁西县盛产栗子，当时我们的救援帐篷就搭在高大的栗子树下。

由于迁西县不处于震中地区，所以受到的破坏较小，人员伤亡也较少，这样一来，我们救援工作的强度不大。在迁西县停留了十多天后，医疗团转移到唐山开滦煤矿林西广场，与二军大附属医院等一起建立了唐山第二抗震医院。这家医院一直由上海医疗队运作和管理，直到1978年3月第四批医疗队回沪时，才移交给唐山市卫生局。

由于时值8月中下旬，地震造成的人员伤亡在第一批医疗队的救援下，已经得到了缓解，我们那批医疗队主要是对地震伤员进行延续性治疗，担负起周边群众的常见病、多发病的诊断、治疗工作。当时上海中医学院负责两个病区，参与医院内、外科等各科室的医疗工作。

当时抗震医院的供水已经没有问题，但是物资供应仍然很紧张，医院的伙食有时还需要到秦皇岛去采购。医疗队员还曾经轮流跟着后勤人员到秦皇岛去采购食物。

难忘的人生旅程
——宗志国、刘岚庆、柴忠胜等口述

口述者：宗志国　刘岚庆　柴忠胜　李兆基　程小萍　吴宝贞　张敬宪　金　炜
采访者：赵震宇（上海中医药大学附属岳阳中西医结合医院院长办公室副主任）
　　　　王莉芳（上海中医药大学附属岳阳中西医结合医院院长办公室科员）
时　间：2016 年 4 月 6 日
地　点：上海中医药大学附属岳阳中西医结合医院会议室

宗志国，1955 年生。1974 年参加工作。赴唐山前任岳阳医院团委委员、内科医师。1976 年 7 月 30 日参加岳阳医院第二批赴唐山救援医疗队，担任队长、内科住院医师、第二抗震医院团总支书记。后曾任大学团委书记，推拿系副主任、中医系三部副主任兼任岳阳医院党委副书记，中医药大学图书馆常务副馆长、设备处处长、科技党总支书记。

刘岚庆，1944 年生。1963 年参加工作。赴唐山前任推拿科医师，在曙光医院进修骨伤科。1976 年 7 月 30 日参加岳阳医院第二批赴唐山救援医疗队，任骨伤推住院医师。后任岳阳医院推拿科主治医师。

柴忠胜，1955年生，1974年参加工作。赴唐山前任岳阳医院西药房药师。1976年7月30日参加岳阳医院第二批赴唐山救援医疗队，任第二抗震医院药房负责人。后任岳阳医院药房主管药师、大药房主管药师。

李兆基，1955年生，1974年参加工作。赴唐山前任西外科住院医生，在曙光医院进修普外科。1976年7月28日参加岳阳医院第一批赴唐山救援医疗队，同年10月参加第三批赴唐山医疗队，担任外科住院医师。后任岳阳医院普外科主治医师。

程小萍，1954年生，1974年参加工作。赴唐山前任岳阳医院护士，在曙光医院进修手术室护士。1976年7月28日参加岳阳医院第一批赴唐山救援医疗队，因救援工作出色赴北京受到中央首长的接见。后任岳阳医院内科病房护士长、手术室护士长、针研所门诊护士长。

吴宝贞，1955年生，1976年参加工作。赴唐山前任岳阳医院护士。1976年10月参加岳阳医院第三批赴唐山医疗队。后任岳阳医院病房护师、护士长、骨伤科门诊护师。

张敬宪，1954年生，1972年参加工作。赴唐山前为后勤工人。1976年7月30日参加岳阳医院第二批赴唐山救援医疗队。后曾任医院电工室负责人、后勤党支部书记、部门工会主席。

陈月娥，1942年生，1961年参加工作。赴唐山前任曙光医院护师。1976年7月30日参加曙光医院第二批赴唐山救援医疗队，任抗震医院急诊室护士长。后调岳阳医院任内科、急诊科护士长。

金炜，1953年生，1973年参加工作。赴唐山前任医院骨伤科住院医师。1976年7月30日参加岳阳医院第二批赴唐山救援医疗队，任骨伤科住院医师。后任岳阳医院骨伤科住院医师、放射科医师。1982年调离医院，任纺三医院骨伤科主治医师。

紧急驰援 全力以赴

1976年7月28日凌晨，唐山发生地震。

7月28日中午，岳阳医院得知地震的消息，同时接到上级通知，立即着手组织第一批救援医疗队。

7月28日晚，第一批医疗队集合待命。

7月29日早上，第一批医疗队带着医疗药品和器械乘专列出发。

7月29日上午，医院再次接到通知，要求立即组织第二批医疗队。医院员工得知是地震救援，纷纷主动报名，要求参加医疗队。

7月29日下午两点，团总支委员宗志国接到了由医护人员和两名后勤人员组成的第二批医疗队人员名单，着手组队，并按上级规定清单准备医疗药品、器械及救援物资。医院各部门、各科室给与了全力的支持和帮助，后勤也立即派人外出紧急采购，为每一位队员准备了毯子、席子、雨衣、水陆两用鞋（凉鞋）等生活用品。由于岳阳医院成立不到一年，各种医疗设备缺乏，救援队马上又到曙光医院求助，借到了急救包等一批医疗器械，真实体现了一方有难、八方支援的精神。

7月29日下午三点，各队员接到救援通知，做好出发准备；同时被告知，严格执行保密纪律，只对家属说到浙江出差。同时，中医学院三家附属医院的医疗队长奉命到曙光医院参加出行前的准备会，会上确定将原定队员集合时间提前到晚上。当时的通讯条件很差，队员们的家又住得分散。有的没有公用电话，有的公用电话亭晚间已下班，怎么能最快通知到队员让院领导一筹莫展。此时有同事想到了派出所。医院立即打电话求助各队员居住地所属的派出所，请派出所帮助通知队员，让他们立即返回医院待命。同时医院准备的各项救援药品和物资也一并得以集中。

7月29日晚上八点，第二批医疗队所有队员在派出所的帮助下，准时赶到医院会议室集合，整装待命。大家不断赞叹"有困难找警察"的高效率。漆黑而不平静的夜晚，队员们静坐在沙发上休息，心情激动得难以入眠。院领导们静候在一旁，守电话听命令，彻夜不眠。后勤司机坐在待命的卡车上微微打盹，人车不分离，随时出车。所有必带的救援药品和其他物资整齐地堆在会议室一边，听候装运（听说由于天津地区下大暴雨，飞机无法降落，救援队未能启程）。

7月30日早上，经过一夜焦急地等待，我们终于接到了出发的命令，大家十分激动，又有几分不安。通知要求全体队员必须赶在七点半之前到上海火车站集中，上海第二批抗震救灾医疗队将乘专列赶往地震灾区。专列车上十几支医疗队的队员们拥挤在一起，尽可能把可利用的空间留给救援药品和物资。队员们有的席地而坐，有的挤靠在两节车厢的交接处，难以活动。一天三餐的吃饭时间也不固定，一般是在临时停车的空档，由部队炊事班士兵从车厢窗口递进来。饭菜是什么口味？能填饱肚子就行！酷夏高温车里条件差，没有空调，缺损电扇"呀呀呀"地转着。一水难求，不能洗脸、刷牙、擦身，人人身上有异味，十分难闻。但大家服从命令，遵守纪律，毫无怨言。"一切为了灾区人民"是大家一致的心愿。作为当时的特快专列，从上海过"南京长江大桥"后，列车一路绿灯，飞速向前，队员们兴奋而又激动。临近灾区，铁路被破坏，列车被迫慢行，时开时停，队员们遥望灾区，心急如焚。

7月30日晚，专列终于到达河北丰润车站。带着一路的疲惫，我们走下列车，不是先去找地方休息一下，而是全部加入搬运援灾物资的队伍。你搬我传，你接我堆，一刻不停，汗水浸湿了衣裤也毫无察觉。直至夜深，我们的工作才告一段落。一停顿下来，我们首先感受到的是北方夜间的低温。唐山位于燕山山脉长城脚下，许多队员没有北方生活的经验，更不知道灾区日夜温差如此之大(白天37℃)。上海出发时，上面又要求大家带的个人用品越少越好，背急救药品、器械越多越好。因此我们带的最厚的衣服是长袖单衣，有的甚至是穿带短衣短裤出发的。夜深寒冷，我们把能穿的都穿上了，但也扛不住。有的把席子裹在了身上，更多的人躲进了货物堆里避寒，耐心等待车辆来接我们去救援点。根据指挥部的命令，上海中医学院医疗救灾点设在河北省唐山地区迁西县中学。

7月31日凌晨三时半，经过大半夜的等候，我们终于盼到了迟来的军车。大家赶紧带上物资，登上敞篷军车，女队员坐中间，男队员坐外围遮挡。军车在山路上奔驰，呼啸的寒风吹得人头皮发疼，颠簸的山路把人晃得东倒西歪，大家挤在一起，互相鼓励，互相取暖，期盼着尽快平安到达目的地。至此，我们已经两天两夜没有睡觉了。

克服困难 迁西施救

31日早晨六点，军车驶入河北迁西县中学的操场。我们虽然四肢冰凉，腿脚发麻，依然快速跳下卡车，搬运物资。穿着黑棉袄背着枪的值勤民兵前来招呼我们，看着只穿单衣短袖、冻得面青手紫的队员们，他们惊得目瞪口呆。"你们真厉害！"说完，他们赶紧跑步去找来了当地领导。到达迁西后，队员们被允许休息两个小时，刚打了个盹就被连续不断的余震摇醒。我们立马跳起来，支起医疗帐篷，整理好药品、器械，开设临时病房，在门诊就医点实施医疗救护工作。在迁西的二十多天里，除了就地接收转运来的伤员之外，医疗队还组织医生、护士、工勤人员深入迁西农村，搜救和医治伤员。救援的医疗人员到达农村后，当地灾民非常激动。有的村庄夹道欢迎我们，深深感谢党中央和毛主席派来的亲人。村里很多房屋倒塌了，道路被堵。我们爬行在废墟上，小心翼翼地走向灾民搭建的临时窝棚，医治轻伤员，将重伤员带回去治疗。满目疮痍，大地震的破坏力给队员们以强烈的震撼。

在迁西期间，条件非常艰苦。当时的帐篷非常少，除了医疗帐篷外，仅有的几顶帐篷，都给女队员居住，男队员们只能住在用毛竹做支架、上面用汽车油布覆盖、周边用塑料布围住的一米高的简易凉棚中。时值北方初秋，昼夜温差非常大，正午时分，帐篷里就像蒸笼一样闷热，人根本无法踏入。一到晚间，凉棚中四面通风，我们躺在地上的席子上，感觉全身凉飕飕的。加之震后暴雨多，凉棚中的衣被常常被雨水打湿。半夜跳起"抗雨救灾"已成为我们生活的常态。我们晚上偶尔聚在一起聊天，鉴赏着当空明月，心情能略微得到放松，午夜却袭来暴风骤雨，积水泛滥，令人防不胜防。

震后的食品供应非常紧张。驻地供应的主食是面条和粗粮制成的窝窝头，蔬菜简单到只有土豆和西红柿。发放的备用压缩饼干，我们只有在下乡搜寻伤病员时才能带着食用。常年生活在南方的我们，对此感到非常不适应。灾区不容许浪费粮食，我们吃难咽的窝窝头时，采用的是团队合作策略，苦中作乐：拿起一个窝窝头，你掰一块我吃一口，再拿一个集中消灭，决不剩下。队员刘岚庆是每次组织消灭窝窝头的志愿者。

同时，驻地的卫生条件很差。操场上队员们睡觉的帐篷、凉棚、医疗帐篷、简易厕所以及野外露天伙房等，均分布在六七十米的直径范围内。粮食一上桌，第一品尝者是苍蝇，而且是成群的苍蝇，它们甚至布满窝窝头表面。队员们顿顿吃"大蒜头"，但也不足以对抗成群的苍蝇，消化道疾病由此在医疗队中蔓延。几乎每一位队员都患了痢疾，拉得不行。即便如此，队员们仍然坚持工作。我们常常在夜间见到的是上厕所"争先恐后，你来我往，相互参见"，白天工作时"相互说笑，矢口否认，互相制约"。我们对自身疾病守口如瓶，因为不想中途返回上海。

当时的用水也非常紧张，只能保证基本的医疗用水和少量饮用水，其他生活用水想都别想。我们的衣服上早已呈现一片片盐花图，难闻的汗臭味你有我也有。熬了一周，我们才在距驻地一公里的庄稼地里的小水沟中寻找到点水，擦了擦身。大自然的这点恩赐给我们带来了无比的快乐。

创立抗二 忘我工作

8月23日，根据抗震救灾指挥部的命令，我们告别了迁西，开赴唐山林西矿区，在林西广场创建第二抗震医院。第二抗震医院建在一块面积较大的平整土地上，在此，中医学院和第二军医大学合作，共同开办医院。舍弃原来医疗队各自为政开展工作的机制，我们采用医院的运作机制。第二抗震医院下设内、外科各两个病区，妇产和儿科一个病区的编制，我院的柴忠胜担任药房的负责人。

第二抗震医院是白手起家的。我们在艰苦的环境下，在物资紧缺的条件下，因地制宜、自力更生地建造医院。没有凳子，我们就找来树桩和木板，先选定放置凳子的位置，将锯平的树桩深深地打入地下，然后把木板钉在树桩上，一个凳子就这样完成了。洗手是防止感染和传染的重要手段。在缺水和无自来水的情况下，我们就地取材解决洗手问题：用铁丝把装苹果的空框悬吊在空中，在框里放入装尸袋并注入水，捡来体育场破旧的大灯罩和旧水泥管用作"水斗"，再用医用胶管连接上下，然后把一个与铁丝脚踏板相连接的夹子固定在苹果框边上，以便管控胶管——一个脚踏简易的洗手装置就在急诊室构建成了。解决了洗手问题后，队员们又针对当地人随地吐痰的习惯，在每张病床前挖了个直径三四十厘米的坑，填上石灰，作为专门的吐痰池。其他如门帘、窗帘、病人号牌、书桌等等，也都是利用当时简陋的物资，一样一样动手做成的。

在医院工作时，我们除了吃饭、睡觉外，把所有的时间都花在医疗救援上，完全没有工作八小时的概念。当时医疗人员紧缺，护士更缺，因此几乎所有的内科医生都一清早进入病房，动手为病人抽血样送去化验，许多肌肉注射和静脉注射也是医生动手完成的。夜间十点之后的急诊室，也只有医生当班，几乎一人完成从预见、诊断、处方到治疗的全过程。

有一次，医院附近的一个矿区出现了疑似食物中毒的现象，矿区卫生人员请求医院支援。医院派出了两名内科医生（包括我院的宗志国）、一名药剂员（柴忠胜）和三四名护士前往矿区诊治，他们到达矿区时已是傍晚时分。此时，矿区的小广场上，已或仰躺或俯卧了百余号病员。七八名医疗队员，顾不得夜间的瑟瑟秋风，直接跪着、蹲着，从问病史、分诊，到开处方、给药、注射等等，队员们一直马不停蹄地忙到后半夜才处理完病人，他们不知不觉跪蹲了七八个小时，只觉又冷又饿又困，腿脚发麻难以站立。抗震医院领导前来探望和慰问，给大家带来了热乎乎的"面条"，真是雪中送炭，让队员们备感温暖。一碗碗"面条"送到队员手上，被他们狼吞虎咽地吃完了。几碗下肚，他们方觉吃的是"米线"，是救援灾民的食品，看来他们是"违反纪律"了——平时医院收到的救灾慰问食品全部都发给病人，医疗队员们都严守纪律，只吃供给医疗队的食物。

还有一次，一位十多岁的少年，地震受伤之后，在抗二医院接受抢救，但是终因医治无效死亡。这让我们悲痛不已，然而更让人伤心的是，少年的家人在地震中都遇难了，少年是最后一位幸存者。面对少年无人收尸的窘境，床位医师宗志国与一位后勤的同志一起找来几块木板，钉了一口棺材，然后用平板车将少年的遗体运送到医院后方的高坡上，挖坑作穴，堆土作坟，把少年安葬了。据说，地震导致唐山市七千余户绝户。

尽管是在如此艰难的环境之下超负荷地工作，所有医疗队员仍然保持着高涨的工作热情。仅以献血为例，当时的用血方式多是现场采血、用血。医护人员就成了一座座流动的血库。只要病人有需要，我们就会义无反顾地撸起袖子。献血的奖励，只不过是后勤煮的一碗蛋汤。第二天，大家又马上投入工作。

再忆往事　唏嘘不已

至今，队员们回想起那段日子，仍然十分感慨。虽然大家没有亲身经历7.8级的特大地震，但是在唐山医疗支援的三个月中，我们几乎每天都面临着频繁的余震的冲击。几乎是大震三六九，小震天天有。光是七级以上的余震就遇到过两三次。日子长了，大家都习惯了，毫无畏惧，往往是一边经历地震，一边工作。当然，遇到7级大震时，大地颤抖的瞬间每人连迈腿向前都做不到，这也是事实。队员们引以为豪的是：在发生地震灾难时，在祖国与人民需要时，我们毫不犹豫，奋勇向前，积极报名参加医疗队，遇到困难也没有退缩——我们都以能参加医疗队为荣。

医疗队在唐山工作的三个月中，队员们的脸和皮肤都被晒黑了，人也瘦多了，有的体重减了十几斤。但是当时大家都是埋头苦干，任劳任怨，一心为灾区人民服务；相互之间团结友爱，互相关心，互相帮助，最终圆满地完成了任务，没有辜负医院的重托。

唐山大地震过去40年了，队员们的"唐山情结"依然不减。地动山摇的余震，被毁灭的城市，期盼得到救助的灾民，人民解放军英勇救灾，医护人员忘我地工作——这些场景时常在我们的脑海中呈现，久久不去。有幸参加唐山抗震救灾的经历，是我们人生的重要旅程，永远值得怀念。

难忘唐山 *

——吴妙麟、郁月明、邵玉龙 等口述

口 述 者：吴妙麟　郁月明　邵玉龙　崔鸿元　李彩凤　何　建

采 访 者：陈　晖（上海中医药大学附属普陀医院档案科科长）

何　芳（上海中医药大学附属普陀医院原档案科科长）

郭　颖（上海中医药大学附属普陀医院档案科科员）

王晨旭（上海中医药大学附属普陀医院宣传科科长助理）

苏飞飞（上海中医药大学附属普陀医院党委办公室科员）

时　　间：2016 年 6 月 16 日

地　　点：上海中医药大学附属普陀医院第四会议室

★　本文参考了2006年9月6日《新普陀报》4B版《七色长廊——普陀区赴唐山
抗震救灾医疗队30年前，可爱的白衣天使》一文。

左起吴妙麟、郁月明、邵玉龙、李彩凤、何建、崔鸿元

吴妙麟，1955 年生。1974 年进入普陀医院担任内科医生。唐山大地
　　　震后，作为第一批医疗队成员赴唐山抗震救灾。

郁月明，1950 年生。1968 年参加工作，1971 年被分配至普陀医院，
　　　担任心电图室医生。唐山大地震后，作为第一批医疗队成
　　　员赴唐山抗震救灾。

邵玉龙，1954 年生。1973 年进入普陀医院手术室工作。唐山大地震
　　　后，作为第一批医疗队成员赴唐山抗震救灾。

李彩凤，1950 年生。1968 年参加工作，1971 年被分配至普陀医院，
　　　担任外科医生。唐山大地震后，作为第二批医疗队成员赴
　　　唐山抗震救灾。

何　建，1954 年生。1971 年进入普陀医院后勤工作。唐山大地震后，
　　　作为第二批医疗队成员赴唐山抗震救灾。

崔鸿元，1954 年生。1971 年进入普陀医院，从事后勤工作。唐山大
　　　地震后，作为第二批医疗队成员赴唐山抗震救灾。

两批抗震救灾医疗队员

1976年7月28日凌晨，冀东大地突然疯狂地颠晃起来，在唐山、丰南一带发生了一场7.8级强烈地震，造成了百万余人被埋压的惨重后果。地震发生后，党中央、国务院和中央军委立即组织救援队伍，奔赴灾区抗震救灾。

地震发生的当天，上海市革委会紧急组织了第一批56支抗震救灾医疗队883名队员，其中就有我院张仲康（队长）、张金福、李建林、徐惠芳、尚孝堂、许玉珍、殷月明、朱泳才、邵玉龙、吴妙麟、郑素琴、郁月明、吴财娟、葛家骏、张阿法（工宣队员）等医务人员。这天下午四时，接到紧急通知后，队员们迅速集合：有的同志刚下班就立即投入战前准备，住集体宿舍的同志顾不上向家里打招呼就整装待发，在家夜休的同志不等吃完晚饭就立即赶到医院积极待命，就这样，在短短的一个多小时内，医院迅速组成了一支医疗队。即将奔赴战场，队员个个摩拳擦掌、斗志昂扬，快速准备好医疗救护器材、药品和简单的行装，像一支即将离弦的箭一样，随时准备冲向抗震救灾的战场！

29日凌晨，出发的命令下达了，大家情绪高涨，立刻赶到上海火车站北站，乘上了6时40分的专用列车。火车向抗震救灾的第一线奔驰而去！由于铁路受到地震的破坏，大家在天津下火车，转车到杨村机场改乘军用飞机。到达唐山飞机场后，我们就遇到来自祖国各地的医疗队，有山东、北京、辽宁等地。余震未息的大地上，汽车奔驰，飞机空运，全国各地的支援物资源源不断地被运往灾区。当晚，我们露宿在飞机场的跑道旁。

因为灾区水资源紧缺，不能畅快地喝一次水，不少同志因此咽不下压缩饼干，但大家毫无怨言。不知不觉就是深夜十二点了，北方的天气与南方不同，白天还是酷暑难耐，37℃以上的高温使得人人都汗流浃背，夜里却已像上海深秋那样冷。我们就在机场水泥地上躺下，身下垫一个裹尸袋，身上盖一个，大家第一次领略了"天当房、地当床"的滋味。

第二天早晨五时，同志们被大地的余震震醒了，飞机马达的轰鸣声提醒我们新一天的战斗开始了。飞机一架接着一架飞来，大量药品、医疗器械、食

1976年8月21日午后，普陀区派出的医疗队员
在唐山迁西县临时医院前合影

品衣物、建筑材料等源源不断地被运进灾区，又一架一架地飞去，运走了急需救治的伤病员。下午，我们终于接到了任务，在机场里一个叫做灯光球场的地方，和其他兄弟医院一起开设野战医疗区，负责治疗、转送重伤员的工作。同志们个个不顾疲劳，迅速地搭起帐篷，不分昼夜地奋力抢救伤员，这一干就是难忘的二十多天。

在到达唐山机场的短短一天多的时间里，机场已集结了八千多名伤员，连同家属约有两万人。除了飞机跑道和停机坪之外，其余的空地上都是用五颜六色的塑料布、床单、毛巾被和箱板等支撑起来的防雨遮阳篷。唐山抗震救灾指挥部也设在机场，临近我院的医疗队。唐山机场是地震后最大的重伤员"收容所"和转运站，也是救灾物资的集散地，飞机起降频率最高的一天达到365架次，起落间隔的最短时间只有26秒，创造了当时世界航空史上飞机起降指挥的奇迹。

我们医疗队每时每刻都要忍受着飞机起降的巨大轰鸣声，同时大小余震的危害、恶劣天气的侵扰、糟糕伙食的烦恼、超强度工作的劳累、难以入睡的疲乏、臭气熏天的环境等干扰我们的救援，但是，我们都以顽强的毅力战胜各种困难，坚守在工作岗位上。在第一批抗震救灾医疗队中，年龄最小的吴妙麟回忆起40年前的点点滴滴，往事依旧历历在目。

抗震救灾时，医疗队员所佩戴的
"人定胜天"徽章

根据灾情的需要，抗震救灾指挥部决定在灾区建立四所抗震救灾临时医院，上海市立即组织了三千名左右的医务人员，陆续奔赴灾区。其中就有我院第二批抗震救灾医疗队，由凌爱琴（队长）、冯明煜、郑慰祖、陈铭玉、崔鸿元、万昌明、王伟光、王时杰、何建、李钦康、黄春喜、许国庆、胡雅芬、吕正华、吴国英、胡桂英、邵燕、李彩凤、林萍、张乐华、章莲珠等人组成。这些队员大多是年轻人，有不少党团员，来自外科、骨科、内科、小儿科、麻醉科、妇产科、消毒和后勤等各个部门。

8月3日下达的通知，由于时间紧迫，不少人来不及通知家人，只好由单位代为通知。胡桂英把年幼的两个孩子交给丈夫，说："我是党员，应该带头去。"李彩凤患有急性肠炎，凌爱琴等劝说她别去了，她却说："既然批准了，就应该去。"其实大家心里都明白，此行随时都可能会遭到可怕疾病的侵袭，即使是常见病也可能带来严重的后果，更不用说还有其他不可预料的危险。但是，队员们坚定的信念和无畏的勇气压倒了一切，也战胜了一切，这在以后艰苦的磨练中得到证实。

8月4日早晨，在普雄路普陀区人民政府大院子里，大家领取了压缩饼干、毯子、军用水壶等，并戴上白底红十字袖章，区领导送医疗队上汽车。

我记得出发那天，天特别热，专列车窗外吹来热燥风，蒸汽机火车头冒出的浓烟随风飘进车窗，撒落在身上的煤渣屑，与汗珠粘在一起，每个人看着都是又黑又脏的。这时，大家已经开始自觉地节约饮水，因为事先已被告知灾区严重缺乏饮用水。在一天一夜的旅途中，崔鸿元不时舔舔干燥的嘴唇，竟然舍不得喝一口，他的军用水壶一直是装满水的。

8月4日晚上九时半，专列到达唐山北部的丰润车站。这时气温陡然下降，大家还只穿着离开上海时的短袖衣服，只得取出毛毯披在身上。第二天凌晨约二时，上海医务人员先后登上十几辆军用卡车，分赴各地。在崎岖的山路上，车子上下颠簸，周围是漆黑的一片，只有车灯上下摇晃，刺亮前方。凌晨四时左右，我们医疗队赶到迁西县城北大黑町水库附近的"引滦（河）入京"水利工地后勤处，这里已经建立了一个医疗站，有部队派驻，还有来自辽宁等地的医疗队，并已搭建起临时简易医院。

为男婴儿取名"抗震"

迁西县北面是著名的长城要隘喜峰口，县城西面是著名的旅游景点景忠山，南面是重灾区之一的丰润地区，那里仅重伤人数就高达万余人。迁西县处于7.1级余震震线内，县城已被毁，损失惨重。大黑町临时医院内挤满了由各地送来的众多伤员。骨伤者占大多数，躺在各种简易"床"上，空气中漂浮着异常气味。这些伤员见到来自上海的医疗队，精神为之一振，非常配合治疗。

医疗队全体队员放下简单行李，开始搭设帐篷，整理带去的医药器材。第二天，大家各就各位，投入紧张的工作中。医疗队不分昼夜地工作，"一切为了伤员"成了坚定的誓言，大家表现出"公而忘私、团结协作、吃苦耐劳、患难与共"的抗震救灾精神。当初许多伤员在现场被抢救时，只是做了临时处理，因此被送来临时医院时，有的伤员伤口已发炎化脓，甚至有的已生蛆；有的重伤员的创伤面比较大，血肉模糊，散发出刺鼻的异臭味。但是医务人员毫不顾忌，表现出良好的职业道德，认真、细心地处理伤口，体现出上海医务人员过硬的思想作风、娴熟的医疗技术、和蔼可亲的服务态度和严谨的工作作风。因为大家都明白：眼前的这些伤员，遭受了失去家园和亲友的各种沉重打击，还在忍受着伤口的剧烈疼痛，他们需要亲人般的温暖和治疗、照顾。随着一批批新伤员不时地被送过来，带去的药物显得很紧张，医务人员就想方设法采取各种有效措施，凭借丰富的临床经验为伤员进行治疗。

8月14日晚上七时，按照上级指示，第二批医疗队转移到迁西县人民医院，重新搭设帐篷，准备参与县人民医院的重建。

医疗队"一切为了伤员"的出色服务赢得良好口碑，也吸引了周围老百姓前来就医。一天，景忠山上一位老和尚慕名前来，他患有严重的白内障，看不清东西，嘴下长有一个小肿包。医疗队当场为其动手术，摘除了小肿包，并给他一些消炎药物和压缩饼干。老和尚孤身一人，在山上守庙，生活异常艰难，这些药品和食物对他来说弥足珍贵。他激动地对医生说："我的眼睛不行，你若有机会上景忠山，我一定能听得出你的声音。"

在"野战"医院里，当医疗队员们不顾疲劳各自忙碌时，来了一位即将分娩的产妇，医院没有手术床，只能让孕妇躺在铺了塑料纸的水泥地上，医疗队员郑素琴等几位同志和其他医疗队的成员一起，照着手电筒，经过数个小时的努力，一个小生命在帐篷里诞生了。很多医疗队员都献出了自己的水、压缩饼干，想方设法弄来一点米汤给产妇吃，产妇很受感动，给孩子取了一个有意义的名字——"抗震"。虽然恶魔般的大地震残酷地摧毁了唐山这座城市，但是，无数新的生命仍在孕育，在顽强诞生。在抗震救灾的这些日子里，医疗队接生了很多婴儿，"震生""军生""党生""抗震"……这些特殊的名字见证了这特殊的岁月。

解放军战士们始终冲锋在救灾第一线，每次将伤员送入医疗队后又重新投入废墟中抢救，几乎人人受了伤，但他们牢记着纪律，要把医疗资源留给灾区人民，所以再重的伤他们也不愿进入医疗区诊治。医疗队员们看着解放军战士每天流血流汗，大家商量后决定每天派两名同志前往部队营地，为战士们送药、诊治。有时我们随部队战士一起去唐山市中心巡回医疗，一眼望去，市中心一片废墟，惨不忍睹，数不清的尸体仍被压在废墟下。我们戴着两层口罩，把大蒜夹在中间，但还是能闻到尸臭味。

由于震区的医疗条件有限，一些伤员脊柱被压伤，造成尿潴留，十分痛苦。因为没有导尿管，我们就把输液塑料管剪下来，用火柴把一头烫粘起来，开一个小洞，煮沸消毒后给病人及时地进行了导尿。有的医疗队用筷子作天平，用500毫升葡萄糖水袋作砝码，配制生理盐水。大家互相交流，取长补短，攻克了一个个工作上的难关，为抢救伤病员赢得了时间，赢得了生命。

在青草上撸一把露水洗脸

医疗队的大部分队员都是第一次出远门，第一次住帐篷、睡地铺，第一次见到帐篷上爬满了黑压压的苍蝇；第一次吃玉米糊和窝窝头，第一次硬着头皮吃辛辣的生大蒜以预防疾病；第一次在连续二十多天的高温下没有洗澡，女队员更是苦不堪言；第一次连续很多天早晨起来不刷牙，只是在青草上撸一把露水洗脸……太多的第一次，磨练了大家的意志，激发了非凡的勇气，给我们留下了一笔宝贵的精神财富。

医疗小分队搭设两个帐篷，作为男女宿舍。帐篷里两边是地铺，中间留一条窄小的通道。地铺用一张塑料纸和席子铺成，睡觉时几乎和大地紧贴，因此随时都会被大小余震惊醒。后来大家习以为常，甚至都能从地面晃动的程度估算出余震的级别。有的队员乐观地说："余震一来，大家趁机一个咕噜翻个身，多方便。"

我们忘不了那暴风雨的夜晚，天一黑就下起雨来，那真是滂沱大雨，倾盆而下，帐篷顶上像爆豆似的。同志们累了一天，渐渐在帐篷中入睡了，凌晨三点大家被冻醒了，发觉背后都湿了，仔细一摸，原来帐篷进水了，球鞋浮在水面上像小船一样。大家赶紧跳出帐篷，又不约而同地想到药品、器材，担心它们被浸湿，于是立即把它们转送到地势高的地方。在饥寒交迫中忙了几个小时，我们终于送走了暴风雨，迎来了黎明的曙光，大家个个脸上露出了胜利的喜悦——我们再一次获得了与大自然斗争的勇气！

在抗震救灾第一线，在短短几天时间里，我们不断地听到捷报：电的输送得到恢复，水的供应逐渐改善，通往唐山的铁路、公路和唐山市内外通讯方式已经畅通；开滦煤矿的恢复工作逐渐展开，特别是马家沟矿在短短的时间内很快出煤；《唐山劳动日报》很快复刊，有线广播恢复，进行了有力的宣传活动；设立在帐篷里的"抗震学校"开学了，孩子们上的第一课就是"人定胜天"。

8月21日，我们接上级通知，因震情暂时稳定，上级决定让我们撤回上海。我们于是告别了英雄的唐山人民和唐山市，于8月22日胜利地回到上海。

在唐山的那些日日夜夜里，我们亲眼看到了唐山人民坚强、勇敢地与自然灾害作斗争的勇气，我们亲眼见证了人民解放军一往无前的英勇事迹，我们亲身经历了白衣天使们一次次救死扶伤、挽救生命的奇迹。在这样严重的自然灾害面前，我们进行了坚韧不拔的斗争，经受了严峻的考验，这一切所见所闻都深深感染了我们，教育着我们，同时也鼓舞着我们医疗队每位成员尽最大的努力贡献自己的力量。当时上面给我们每人发了一枚"人定胜天"抗震救灾纪念徽章，我一直保存至今，它时刻提醒我们再大的困难都能克服，激励我们奋勇向前。在唐山二十余天的经历对医疗队每个成员来说都是永生难忘的！

永久的记忆

——童瑶自述

童瑶，1975年毕业于上海中医学院。上海中医药大学中医基础学科教授，博士生导师。曾任上海中医药大学基础医学院院长、上海中医药大学副校长（教学）、上海中医药研究院副院长等职。2004年1月至2013年1月受聘于香港大学，任职香港大学中医药学院院长、讲座教授，曾任香港政府中医药管理委员会委员、中医组委员、中医全科学位课程评审委员会委员等。1976年作为第二批医疗队员奔赴唐山参加救援工作。

今年7月28日，是唐山地震40周年纪念日。作为第一时刻赴唐山抗震救灾的上海医疗队的参与者，我对当时震后的惨景以及救援工作经历至今历历在目，记忆犹新。

1975年7月，我从上海中医药大学毕业后留校，学校安排我担任中医系二班班主任，这一年学生在上海奉贤县南桥人民医院临床见习，我也几乎整年随同学生活在郊县，参与学生管理及见习带教。1976年7月，我完成了一年的班主任工作，回到学校，准备接受下一步的工作安排。我还没来得及到大学报到，7月28日唐山突然发生大地震，当时正在唐山招生的母亲还生死未知，与我们失去联络，全家都在担忧焦虑之中。但是一听说上海要组织医疗队赴灾区援助，大学也马上要组织一批医务人员参加，作为一名热血青年，我一心只想尽快奔赴抗震救灾第一线，便毫不犹豫地报了名。组织上批准了我的请求，我匆匆忙忙准备了简陋的行装，8月6日就随上海抗震救灾医疗队出发了。至今回想起来，我还为自己是较早赶到灾区的医疗队员而感到骄傲，虽然在唐山只待了两个月，但是我们是在震后条件最差、环境最恶劣的情况下开展医疗救护工作的，就是通过我们第一批赶到唐山的先头医疗救援队在唐山两个月的艰苦奋斗，唐山建立起了医疗救护网络。从一开始在帐篷工作，到搭建了简易木棚，到设立临时门诊和病房，我们为后面几批陆续到达的医疗队顺利开展救援工作奠定了基础。

由上海中医药大学附属龙华、曙光医院和第二军医大学附属医院组成的抗震救灾大队，被指派到唐山迁西煤矿地区参加医疗救援工作。由于铁路损坏，我们医疗队只能乘火车在临近震区的丰润站下，然后再乘大巴抵达林西煤矿地区。一下车，我们被眼前的惨烈场面惊呆了，我的心立刻揪成了一团：眼前这座新兴的重工业城市已变成一片废墟，到处是坍塌的房屋，地面都是裂缝，到处是受伤的灾民在呻吟，还有无数埋在废墟中的尸体……不到现场，根本想象不到灾情有多么严重。据后来新闻报道，我才知二十四万多人死亡，16万人重伤，7200个家庭全家丧生，四千多儿童成为孤儿，这就是7.8级唐山大地震——中国历史上一次罕见的城市地震灾害，也是400年来世界地震史上最为悲惨的一幕。40年后的今天，回忆起当时的情景，我仍感到触目惊心。

医疗队刻不容缓地投入紧张的抢救伤病员的战斗。在很短的时间内，来自全国各地的医疗队就在整个灾区形成了一个医疗救护网络，救治活动有组织、有领导地展开了。医疗队的工作是紧张而有序的。地震后的数月里，余震不断。在最初阶段，我们医疗队只能在帐篷里开展抢救伤病员和展开平时的诊疗工作，之后才搭建了木棚，我们同时还克服了药品、试剂、器械供应不足以及缺水缺电的困难。我记得诊疗工作台都是用木头、木板敲钉起来的，有时余震发生时，桌子摇晃起来，桌上的墨水瓶都会晃掉在地上。临时搭建的简易木棚病房里设立了内、外、妇、儿、骨伤各科。每当听到从简易的产房传出的新生婴儿的啼哭声时，我们都会由衷地庆幸又一个幸运儿诞生了。骨伤科在简易医疗条件下为伤员做截肢和接骨手术，中医传统的小夹板因此派上了用场。外科每天要接收许多从废墟中抢救出来的伤员，他们大多是血肉粘连，体无完肤，连床单都不能盖。除了给他们服用抗感染药物外，我们还协助主治医生用中药如青黛散涂撒在伤口上，以防止粘连感染。正值炎夏季节，伤口极易感染，所有创伤都必须十分细心护理，因此医护人员日夜守护，精心护理，连吃饭都是错开的。

在灾区那段日子，生活条件非常艰苦，对每一个医疗队员来说，都是终生难忘的考验。不仅余震不断，那时天气闷热，还经常打雷下暴雨，晚上睡在帐篷里，篷顶雨点"吧嗒"地响，根本难以入睡。我们还不得不经常起来用木棍撑起帐篷顶部，让雨水倾泻掉，否则帐篷会被压塌，早晨起来，经常会发现鞋子漂流到远处。说实话，面对较强的余震，我刚开始心里确实挺紧张的，但是随着经历的增多，我们也就逐渐放松下来了。刚到唐山的最初两个星期，由于交通运输跟不上，没有食堂，大家每天都是以压缩饼干充饥，又干又硬，难以咽下，还容易泛酸，但是我没听到过任何一声埋怨。即使后来运来了米饭、馒头和蔬菜，大家也十分节俭，每次吃饭大家都自觉排队，有序不乱。在临时医院工作稳定后，上海医疗队员们还是充满革命乐观主义精神，为了缓解连续作战的疲劳和紧张的情绪，在我们返回上海之前，医疗队利用周日还举办了一场上海中医药大学与第二军医大学的排球比赛，我还是女子排球比赛的队员之一呢！——那场比赛是我们上中大女队获胜了。

八月中旬的一天，工宣队老韦师傅从上海回到唐山，顺便帮我捎来了衣物，并带来了好消息：母亲大难不死，已经安然无恙返回了上海。我悬挂的心终于放下来了，更加全心全意投入工作。

大灾后面临的最大挑战就是瘟疫流行，尤其是炎热夏季，暴雨不断。由于环境污染，苍蝇蚊虫满天飞，水源不洁，食物不洁，加上过度劳累，大家的免疫力低下，在唐山救灾期间，对救灾人员造成最大威胁的是传染性疾病，主要是中毒性痢疾，其次是中毒性肝炎。许多救援人员都是病倒在中毒性痢疾上的，上吐下泻，严重脱水。说来难忘，我也难逃劫难，不幸染上了中毒性菌痢，高热不退，恶心呕吐，每天小腹绞痛，拉脓血便数十次，加上临时搭建的厕所离住处又远，来回奔跑，蹲在茅坑上两腿发软，几乎站不起来，可能细菌毒性特强，我用了几种抗生素才显效。记得当时我曾绝望地问同寝室的姚楚芳医生："我会死在唐山吗？"当时医疗队还邀请二军大的医生一起为我会诊呢！最后采用抗生素配合黄连素穴位注射，病情才转危为安。泻痢刚止住，我还两腿发软，护士长就已经安排我夜间门诊值班，我心甘情愿地服从，因为我知道当时人手很紧张啊！排班根本排不过来。

9月9日那天让我终生难忘，广播传来毛主席逝世的噩耗，全体医疗队员集中在广场举行悼念活动，站在队伍中，刚刚大病初愈的我，由于体力不支，加上过度悲伤，突然眼前一黑，晕倒在地。第二天，大家化悲痛为力量，又投入紧张的工作……10月初接到通知，我们已经完成临时先头救援队任务，将返回上海，上海将陆续派出第二批、第三批医疗队继续援助唐山，震后的医疗救援和重建家园需要全国各地长期的支援。

时光飞逝，一晃40年过去了，我从一个二十多岁的年轻人变成已过花甲之年的退休员工，然而参加唐山抗震救灾的那段经历，深深留在我记忆中。每当回想起那短暂而有意义的经历，我总是深有感触。我最大的体会是，年轻人应该到最艰苦最困难的环境经受锻炼，因为这难得的经历将会使他们终生受益。我为我这样一个毕业才一年的青年医务工作者，也有机会加入救死扶伤的援助医疗大军中而感到荣幸，因为在医疗队我能把学到的有限的知识和技能运用到抢救伤病员的实践中。短短两个多月的时间，在有丰富临床经验的老师们的指导带领下，我学到了很多在书本上学不到的知识：我学会了如何在艰难困苦的条件下开展医疗服务；如何发挥中西医各自的优势来解决棘手的疑难病症；在病房里，我第一次看到患破伤风的婴儿抽搐时表现出苦笑面容和角弓反张姿态；学会了如何抢救心衰、肾衰的病人；夜间值班掌握了如何独自处理服毒的病人，掌握了洗胃的方法；懂得作为一名医生如何用心理疏导帮助那些经受大灾大难、丧失全部亲人、对生活失去信心的人……我打心眼里感激医疗队的老师们，如邱佳信、郑平东等老师，在繁重的工作压力下，他们还时时不忘给我们这些年轻的住院医生讲解病例，指导我们医疗操作技能。更重要的是医疗队的老师们在为灾区伤病员服务过程中忘我工作、吃苦耐劳、无私奉献的精神给我留下了深刻印象，成为我日后从事医疗和教育工作的榜样。

唐山人在灾难面前所凝结出来的"公而忘私、患难与共、百折不挠、勇往直前"的抗震精神和各族同胞给予唐山的无私援助，都启示我在日后的人生道路上努力奋斗！

难忘的唐山春节

——王大增口述

口 述 者：王大增

采 访 者：刘　胜（上海中医药大学附属龙华医院党委书记）

　　　　　虞　伟（上海中医药大学附属龙华医院人事处副处长）

　　　　　王腾腾（上海中医药大学龙华临床医学院住院医师规范化培训医师）

时　　间：2016年2月25日

地　　点：王大增教授家中

左三为王大增

王大增，教授，主任医师。曾担任中国中西医结合学会理事、
中国中西医结合学会上海分会常务理事、中国中西医结合妇产
科专业委员会委员、上海市中华医学会委员等职，《中国中西
医结合杂志》及《上海中医药杂志》编委。1995年被评为上海
市名中医。1997年获上海市中西医结合优秀工作者称号，曾担
任上海市第五、六、七届政协委员。

当年，我作为上海市抗震救灾医疗队指导员，兼任第二抗震医院二支部书记，又为妇科负责人。我们乘坐火车于1977年6月28日抵达唐山古冶，参加东矿区第二抗震医院的抗震救灾医疗工作。我们27名队员中很多人还是第一次离家，有的自己有病在身，有的家人身体不大健康，有的孩子正处于升学阶段，大家都放下包袱，克服困难，与当地人民一起，为受灾群众病患康复、重建家园奉献一己之力。我们辛勤工作，无私奉献，直至1978年3月17日提前完成任务，光荣返回上海，整个救援工作历时将近9个月，而且在唐山度过了一个难忘的春节。

救援队到达时已经是地震后的第二年，虽然灾后生活环境已有大大改善，但仍然可以见到坍塌的墙垣、破败的街道；好在生活供应已经恢复正常秩序，我们甚至能在市面上买到鸡蛋。医疗队员们心无旁骛，当时并未感觉艰苦，但如今回忆起来，地震后生活环境相对恶劣，我们到唐山时正逢雨季，住房下雨时漏水，水电供应也不正常，时常中断，伙食差而且贵，还经常有余震，安全性很差，这些让我们这些异乡人很不习惯。但是因为肩负着救援的使命，队员们还是奋勇向前。当时天气很热，为了防止"大灾后必有大疫"的发生，同志们在党支部领导下，与兄弟单位并肩作战，顺利度过了7、8、9三个月的发病高峰季节，积极治疗疾病，并做好卫生保障工作，有效防止了瘟疫的暴发。有些同志自己患上了大大小小的疾病，如腹泻、高热等，令人欣慰的是大家团结一致，在互相关怀下，那些同志很快得到了康复。

冬季到了，我们主要依赖烧煤取暖，在房屋中间放置一个大火炉，房间内烟熏日久，再加上煤灰飞扬，室内室外空气都很差，蚊帐也变了颜色。清理烟囱的煤灰，也成为了日常必不可少的一部分。地震一年后，重建家庭的现象增多，产科也忙碌起来。当时条件所限，很少有人过多关注灾民心理问题，这些孩子的出生大概是抚平他们伤口最好的药吧。

当时中医药工作还是遇到了一些阻力的，二抗医院没有中药房，唐山街上也没有中药店，绝大多数为西医，这些对于龙华医院这种中医性质的救援队来说，开展中草药治疗阻力很大，困难较多。但是我们仍然要求队员坚持中西医结合治疗策略，想方设法与当地相关部门协商解决困难，需要时尽量设法用中草药治疗。我们曾在内科、妇科、住院病房开展了中药汤剂治疗。队员朱美丽同志甚至还开展了二十余例针麻手术，与队员齐心协力，治好了不少病患——可以说不仅充分发挥了中医药治疗的特色和优势，还发扬了医疗队救死扶伤、大医精诚的医德。

在业务方面，队员们为了提高业务水平，更好地为病员服务，积极钻研医学，利用工作闲暇时间翻阅书籍以增长知识，还多次为下级医师和进修医师组织集体学习和讨论活动，共同切磋。在生活方面，队员们经常参加体育锻炼，如早晨做广播体操、晨跑、舞剑、打太极拳等，只有提高自身身体素质，保护好身体这份革命的本钱，才能保持斗志昂扬的工作态度。政治思想方面，积极组织思想学习和教育，通读毛主席文选，开讨论会、交流会，作思想汇报，做到工作、思想两手抓，同时进步。

在河北省委和中央卫生部的关照下，队员们都获得了去北京参观毛主席纪念堂和瞻仰毛主席遗容的待遇，大家都觉得无上光荣，心情非常激动，同时提高了个人拥护党中央领导和爱国敬业的政治觉悟。

在工作即将结束的时候，有九名队员自告奋勇下数百米深的矿井体验工人生活，亲眼目睹了开滦煤矿工人在震后艰苦环境下将开滦煤矿产量恢复到震前水平的工作情形；与此同时，队员还参观了遵化县穷棒子社，学习了他们的革命精神。

整个工作过程中涌现出了不少优秀人物，全院大会上有十一人受过表彰。让我记忆尤深的是先进个人蔡根娣、何萍和田小华等，他们工作踏实，勤奋努力，服从组织调遣，哪里需要就去哪里，从不抱怨，没有经验就积极主动学习，能够逆流而上，攻坚克难。他们这样的革命精神和敬业态度不仅受到队员们的敬佩，而且还得到党支部的一致认可。

唐山，不能忘却的纪念

——郭天玲口述

口 述 者：郭天玲

采 访 者：刘　胜（上海中医药大学附属龙华医院党委书记）

　　　　　虞　伟（上海中医药大学附属龙华医院人事处副处长）

　　　　　石　怡（上海中医药大学附属龙华医院住院医师）

时　　间：2016年3月11日

地　　点：上海中医药大学附属龙华医院行政楼9楼会议室

中为郭天玲

郭天玲，1938年生，浙江省东阳市人，教授。1963年毕业于上海中医学院。曾先后任职于上海市中医文献研究馆、上海中医学院附属龙华医院和上海中医药大学。农工民主党上海市驻会副主委。目前为上海中医药大学及上海中医药研究院专家委员会名誉委员。1976年9月，受上海中医学院附属龙华医院委派，参加第三批赴唐山抗震救灾医疗队，并在新建的唐山市东矿区第二抗震医院工作达九月余。曾参与《徐仲才医案医论集》和《徐小圃、徐仲才用药心得十讲》二书的编著。

1976年7月28日，唐山人民遭遇了毁灭性的创伤，一座闻名全国的重工业城市也在瞬间被夷为平地。24万人的生命被剥夺，更有不计其数的人要在承受身体创伤的同时，长久地忍受情感的缺失。40年的距离可以让音信变得稀少，但我对唐山的记忆和情感，却日渐深厚。

唐山、丰南地震甚至波及了天津、北京，当地人民的生命及财产遭受了极大损失，尤以唐山市区最为惨重。得知这一消息时，国内人民一片哗然，各地积极响应党中央抢险抗灾的号召，上海医疗队正是在这时组建的。上海于七月底、八月上旬、八月下旬分别组建了三批队伍，赶赴地震灾区。我很荣幸地成为了第三批赴唐山医疗队的一员。

当时我在龙华医院的肿瘤科工作，接到医院通知的时候，家中有两个年幼的孩子：九岁的女儿和两岁的儿子。我的先生从事科研工作，平日里就十分繁忙，我这一走，两个孩子便不得不寄养在亲戚家，幸而去唐山一事得到家人的全力支持。虽然不知这一去是多久，对灾区的生活、工作情况也一无所知，先生对我的工作还是表示理解，亲戚为了让我安心工作，主动帮我照顾孩子。大女儿已经有些懂事，没表现出太多离开妈妈的难过，两岁的儿子在我上火车时似乎明白了什么，表现得格外不舍，可终究我还是踏上了火车，一心前往那个未知的地方。之后，我便开始了与家人用书信交流的日子。

初到唐山时，我内心的真实感受是一个词：可怕。巨大的百货公司坍塌成了废墟，这样的场面是我来之前未曾想象的，我在想象：如果上海的妇女用品商店倒下，那将是怎样的一种景象？就在那一刻，我似乎也能体会唐山人民的心情了。不过，那时的唐山已经过了有效救援期，除了仍可见到的残垣断壁外，路面经过了有效的清理工作，已基本通畅，也见不到斑驳血迹了。我们第三批救援医疗队员来到唐山后，当地的工作人员带我们参观了墓地，一座高耸的合葬墓让我们意识到这是一场巨大的灾难——太多遇难者的遗体没有亲友认领了。

唐山救援时的生活条件是十分艰苦的，只是那时忙得都忽略了：几十人一起住在临时搭建的抗灾房内，九月的天气，白天热晚上冷，温差很大，还有蚊子。房里没有厕所，需要用痰盂，我们医院儿科的瞿秀华老师上年纪了，在屋里还时常觉得冷，因此他若是用完痰盂，穆道明护士便会主动帮忙去屋外倒掉，这件小事我至今还记得，现在想来也觉得挺温暖的。40年来，我一直和穆道明有联系。此外，我在四十岁生日那天拍了一张照片。在那段特殊的时期，节日和往常没什么不一样，能拍上一张照片足以让我印象深刻了。在唐山期间，无论是值班还是下班，同事们都相处融洽，过年期间领导也会探望、慰问我们，让我们平淡的救援生活有所慰藉。离开唐山前，同事买了唐山的瓷器，也送了我一些，我至今将其珍藏在家中，因为这是一段记忆，于我而言是十分重要的记忆。

大约九个月后，在基本完成任务后，救援队撤离了唐山，我未随大家一同回上海，而是去东北去看望了我的两个弟弟，他们一个插队落户，一个在念大学，我们的父母走得早，我这个大姐就该照顾起这个家。太久没能去看望他们，我也觉得挺过意不去的。

回到上海后，不知是不是因为更不愿见到生离死别，我从龙华医院肿瘤科调到了中医药研究院，再后来到大学的基础医学院从事教学工作。参与救援唐山大地震的经历对自己有何影响？不知这算不算影响。

在大的灾难面前，我无法总结出什么经验教训，只知道这于我而言真的是一段终生难忘的经历。在紧急事件的医疗抢救过程中，外科医生承担着比我们内科医生更大的压力和更重的任务，作为内科医生的我，只能力所能及地处理好手上的病人。我曾遇到过两个危急重症患者，处理起来没有把握的时候，我就赶紧叫人找来了高年资的医生，虽然我们每个人都有自己固定的上下班时间，但当接到会诊求助时，其他医生都会放弃休息时间，第一时间赶到现场，参与病人的救治。虽然当时中药煎剂使用不便，但除了西药，中药也发挥了一定的作用，这也让中医系统的我们感到自豪。

在那个特殊的时代，恰逢周总理逝世、毛主席逝世、粉碎"四人帮"，这些对于那个时代的中国人而言，都是不可磨灭的记忆，国家的命运紧密联系着个人的命运。怀着对国家深深的忧虑，我甚至来不及想自己的将来，只知道党指向哪里，我们就奔赴哪里——这是我们那个时代的人最为朴素的想法。说实话，最艰苦的救援医务人员应该是前两批，但他们都没有任何怨言，我们也要尽到自己的义务，承担起一名医务工作者应尽的社会责任。

无悔的救援

——朱莉敏、沈丽青、黄耀家口述

口 述 者：朱莉敏　沈丽青　黄耀家

采 访 者：徐玉英（上海中医药大学附属第七人民医院党委书记）

　　　　　刘忆菁（上海中医药大学附属第七人民医院纪委书记）

　　　　　邵红梅（上海中医药大学附属第七人民医院党办主任）

　　　　　严静芳（上海中医药大学附属第七人民医院科员）

　　　　　李冬梅（上海中医药大学附属第七人民医院骨伤康复病区护士长）

时　　间：2016年6月16日

地　　点：上海中医药大学附属第七人民医院4楼小会议室

左起朱莉敏、沈丽青、黄耀家

朱莉敏，1952年生。1972年参加工作。唐山大地震后，作为第二批
　　　医救援人员前往灾区，从事护理工作。

沈丽青，1936年生于上海，1953年工作。唐山大地震后，作为第二
　　　批医疗救援人员前往灾区，担任儿科医生。

黄耀家，1944年生，1962年参军，1965年参加工作。唐山大地震
　　　后，参加第二批医疗救援队，担任指导员，从事心电图、
　　　超声检查工作。

黄耀家：

得知唐山地震的消息后，全院备战，我们随时准备前往灾区，车子及物资都准备好了，后来没能参加第一批，我们是第二批去的，当时是1977年3月，没有动员，大家完全是自主自愿的。我的小孩三岁，没人带，爱人在服装厂上班，经常加班，那时工资少，一个月36块。我若去外地，小孩没人带，只好把小孩托给丈母娘。我是部队出来的，没去的时候我知道那里肯定生活困难，我就买了10包鲜辣粉，菜难吃就加点，咸了就好吃了。家人不支持我去唐山，都没去火车站送我。

我们那支队伍是由川沙卫生局组织的，一共去了15人，由四家单位组成，我院去了五个人，一共去了三四个月。当地已经有曙光医院的同志在那里工作了。我们先乘火车到天津，一路颠簸；然后由军用大卡车把我们送往唐山，到当地天已经很晚了，具体几点忘记了。唐山当地的医院领导和上海的工作人员来接待我们。唐山那边医院已经是简易房了，我们睡的床像炕一样，一个房间要睡十来个人。床上铺一张席子，蚊帐、被子是自己带的，床是用木头拼出来的，有余震的时候就跑出来，余震后蚊帐上面都是灰。我们医院处在一个矿区，不时有余震，有时一天还有好多次。有一位医生做手术时碰到余震，脚压到了，后来被转运到天津，为了保命，他的脚趾被截掉了一个。生活条件差，因为北方的伙食吃不习惯，有两位女同志还带了香肠、榨菜、卷子面。但是条件已经比前面的医疗队相对好了，每天吃窝窝头、小米粥，连着几个月，胃口都没有了，中央领导听说饮食差，为我们调来菠菜，但又粗又长，还是难以下咽。

我是1972年至1973年进修的心电图业务。1977年去唐山的时候，上海心电图机还不是很普及，唐山则没有心电图。那时我和曙光医院的张桂芳医生一起接待病人。刚开始时间很紧张，我们没有休息时间，不分昼夜地为病人治疗，一心想着把学好的技术用到患者身上。

沈丽青：

当时有一个病人让我印象非常深刻，是一个小孩子，得了狂犬病。他父亲

1977年，部分第二批救援队成员合影

1977年6月，上海市第七人民医院唐山地震救援队员留影

抱着他，给他喝水，但他就是喝不进，遇到刺激像小狗一样"汪汪汪"地叫，后来被送到天津去了。但是狂犬病已经发作了，发病后治疗是很困难的，也不知道小孩后来怎么样了。还有一次，一个小孩得了脑炎，昏迷，全身抽搐，我在孩子身边一直守了三天，白天黑夜都不曾离开。孩子高热，不能总用降温药，我就用冷水毛巾敷在孩子头上，为他擦身体。为防止孩子抽搐，我用水合氯醛灌肠。静脉滴注甘露醇时，我怕液体外渗，一直仔细观察液体滴注情况。后来孩子终于转危为安，我十分开心。还有一次，一个孩子肚子痛，外科说是阑尾炎，我根据经验判断是蛔虫肠穿孔，因为孩子的疼痛是全腹性的剧烈疼痛，还伴有呕吐、腹胀，查体时有明显的腹膜刺激症状。孩子来自郊区，家中卫生条件较差。根据这些情况，我判断病情是蛔虫肠穿孔；结果一手术，发现那孩子一肚子的蛔虫。

有一次余震，一个小青年吓得跳出了帐篷，一屁股坐到一个装置上，结果装置从肛门贯穿身体。当时全院都出动抢救了，外科、麻醉科医生和手术室的护士紧急到手术室集合，我因为是小儿内科医生，没到现场参加抢救。后来抢救成功，保住了一条年轻的生命。

朱莉敏：

当时的条件比较艰苦，蔬菜很少，再加上我们不适应那里的气候，一段时间下来，很多人因缺乏维生素，口腔出现溃疡。当地医院的领导对我们很关心，让食堂特地为我们准备了一部分绿叶蔬菜，很长很大的菠菜，外地运来的，都不新鲜了，但即使是那样，也是特供的。我们住的是临时搭建的平房，女同志两人一间，男同志六人一间，生活很艰苦，但当时没觉得有什么，一心只想着治病救人，预防传染病。

黄耀家：

抗震救灾回来医院既没有给另外安排工作或者提高待遇，也没有特别的奖

1977年9月，部分医疗队员摄于高桥红旗照相馆

唐山地震纪念杯

励。大家觉得这是一件十分平常的事情。印象中伙食费稍微补贴了点。我们还是回到了原来的工作岗位。社会上有些人士还是比较关心我们的，高桥照相馆的同志的邻居是医院的工作人员，知道我们抗震救灾回来了，特意给我们拍了照片，把照片放得很大，放在照相馆的玻璃橱窗里，署名"唐山抗震救灾医务人员"，宣传我们。

　　我最近看了倪萍的一个节目叫《等着我》，我看到节目里唐山大地震幸存者颜廷军为爱寻恩，最终找到了救治颜廷军的医生，然而遗憾的是这位医生已经过世了。我也很感慨，时光过去了40年，很多当事人都去世了，我们当时一起去了五个人，有一人已经不在了，另一位也年老体弱，今天没能来。医院组织这次座谈会，让我们当时去抗震救灾的三人相聚在一起，我蛮感动的。那时候要去唐山抗震，家人是不支持我的，我小孩托给丈母娘带，为了这件事情我们还不太开心，但我不觉得后悔。当时的陈瑞青院长也十分关心我，我在唐山的时候，他主动上门慰问，帮忙解决家里的困难，做我爱人的思想工作，还给我们寄吃的东西。科里就我年纪轻，我不去，谁去啊！

在纪念抗震20周年的时候，我和顾耀良、沈丽青又去过一次唐山，得到了一枚小小的纪念奖章，院长还报销了车费。

40年的时光，早已把伤痛与眼泪冲淡了，留下的或许只是一份淡淡的回忆。一个民族只有经历过苦难，才会变得越来越强大！那个时代的我们，思想十分简单，从没有想过作秀，也没有想过为自己争取一些特殊的待遇。我们只是做好自己的本分，不求轰轰烈烈，只愿在有生之年，不忘医生的职责，不忘做人的信条。

难忘的唐山记忆

——吴金良口述

口 述 者：吴金良

采 访 者：嵇　瑛（上海中医药大学附属曙光医院人力资源部科员）

　　　　　朱文轶（上海中医药大学附属曙光医院人力资源部科员）

　　　　　王琪如（上海中医药大学在校生）

时　　间：2016 年 9 月 30 日

地　　点：上海中医药大学附属曙光医院西院

中为吴金良

吴金良，1951年生。1968年参加工作。曾担任曙光医院骨科医师、医务管理处副处长、工会专职副主席。1976年赴唐山参加"唐山大地震"医疗救援工作，为曙光医院第二批赴唐山医疗队队员。

我是从广播里得知唐山地震的消息的，当时医院组织动员，可以自愿报名。我年纪轻，很有冲劲，就主动报名了。院里进行筛选后，我就和其他四十几位同仁踏上了去往抗震救灾的征途。

　　在经过几天几夜火车和汽车的颠簸后，我们终于踏上了唐山灾区，沿途的景象惨不忍睹。到处都是断壁残垣，空气里漂浮着腐尸味，这些提醒着我们：这里刚刚遭受了一场惨绝人寰的浩劫，这里有数不清的人急等我们救护。在受到了无处栖身的灾民们的热烈欢迎后，我们的医疗队员立即放下背包，顾不得余震的危险，冒着40℃的高温，全力投入救治伤员的战斗中。一连奋战了几天几夜之后，衣服全被汗水湿透了，有的队员甚至病倒了。当时疲惫不堪的我觉得站着都能睡过去，但看到解放军为了援救被压的伤员根本顾不到自己的生命危险时，我也顿时顾不上劳累了，继续发扬连续作战的精神，努力把送来的伤员全部救治好，因为我们知道送来的每一位伤员都是用沉重的代价换回来的。

　　我们的工作精神感动了一位叫王亚茹的姑娘，据说她是唐山市领导的孩子，亲人全部在地震中牺牲了。解放军听到她的呼救声后，挖呀，刨呀，整整苦战了三天三夜，才从死神那里把她夺回来了。从那时起她就成了一名孤儿。我们将她的伤治好后，她就再也不肯离开我们了。从那时起，她成了我们大家的女儿。她帮助我们搬运新来的伤员，做后勤和护理等工作。此前她很怕见到血，但慢慢地，她学会了止血、用夹板临时固定骨折病人的患肢等抢救技术。她真的很能干，只要听到汽车声和马车声，就马上迎上去，协助我们医疗队员做好急救准备工作，给我留下非常深刻的印象。虽然30年过去了，但只要回想起这一段情景，她那奔东奔西、忙这忙那的身影，还依旧会在我眼前晃动。

　　我们的解放军真的很伟大、很英勇。当时挖掘器械都进不来，解放军只能徒手挖，手指都出血了，这太震撼人了。唐山当地的老百姓身心上受到了极大的打击。我们在当地看到过一个家庭，本来是四口之家，有两个家人在地震中走了，但吃饭时家人还是会放四个人的碗筷……当时还有余震，我们有次碰上了五点几级的余震。当地居民跑出屋子的时候，手里还抱着红宝书。当地群众从灾难中存活下来后，有的也投入救援工作，他们对解放军和医生的感情很深厚。

　　后来，医疗队从机场转到了东矿区，在那里建立临时病房，医疗设备是我们自己带过去的一些手术机械和消毒工具。当时有很多炭疽病人，炭疽杆菌导

部分医疗队员现场合影

致的病情感染性很强，我们要给病人进行截肢手术，可是截肢之后怎么缝合是个问题，我们经过不停地讨论，最终确定方案并且成功实施了手术。救灾中经常会遇到很多我们平时临床上很少见或者不曾见过的病例，或者只是在书上得知过，我们当时就只能硬着头皮上，想尽一切办法救治伤员。

在生活上，淡水和副食品供应严重跟不上。沾满了血水的衣服，因为没有水而无法清洗，刺鼻的臭气令人发昏。吃的是窝窝头和压缩饼干，上海人根本不习惯，有的队员吃进去拉不出来，有的干脆吃不下去，怎么办？向解放军求援。解放军因此为我们送来大米、水果、猪肉等。还记得那猪爪子，毛也没有去尽，我们就放到锅里煮，虽然没有调料，可大家却都啃得津津有味。

一年多以后，我们回上海了。休息了几天后，我们又马上投入工作，唐山的经历就像没有发生过一样，生活又恢复了平静。后来王亚茹同志任唐山市委副书记，来上海出差时我们还见过一面。时间就这样如水般流走了。但是我知道，这段救灾记忆不会褪色。救灾经验在我的临床上起指导和补充的作用，也一直鼓励我勇于面对生活与工作中的难题，让我领悟到我们中华民族生生不息、源远流长的原因："一方有难、八方支援"的凝聚力！

如今，一座现代化又宜居的新城在唐山这座废墟上崛起了，在向死者致哀的同时，我也衷心地祝愿唐山的明天更美好。

永恒的记忆

——朱廷芳口述

口 述 者：朱廷芳

采 访 者：朱梅萍（上海中医药大学附属曙光医院人力资源部主任）

　　　　　侯天禄（上海中医药大学附属曙光医院人力资源部科员）

　　　　　王琪如（上海中医药大学在校生）

　　　　　江　云（上海中医药大学附属曙光医院人力资源部副主任）

时　　间：2016 年 9 月 27 日

地　　点：上海中医药大学附属曙光医院东院人力资源部

朱廷芳，1954年生。1974年参加工作。曾担任曙光医院普外科医师。1976年赴唐山参加唐山大地震医疗救援工作，为曙光医院第三批赴唐山医疗队队员。

唐山大地震发生后，震惊了中国乃至世界，当时立马有第一批医疗队奔赴抗震救灾前线。我作为曙光医院第二批抗震救灾医疗队队员之一，和院里其他经验丰富的医生和后勤人员一起奔赴唐山。我当时是队里年纪最小的，学校毕业后在曙光工作时间仅两年。我们的队伍组成比较多元化，这也是考虑了唐山的医疗需求后制定的。我们有外科、骨科、放射科、麻醉科、内科医生以及护士、后勤人员。当时还在"文化大革命"时期，抗震救灾是作为一项政治任务下达的。九月份（具体哪天我记不清了），我们在接到通知后，晚上回家立马收拾一些生活用品，第二天就乘火车前往天津了。同行的还有上海中医药大学附属龙华医院和岳阳医院的同仁。我们到达天津后，转乘火车去往一个叫古冶的地方。部队的军用卡车已在那边等候，将我们接到唐山的一个煤矿。从上海到天津，从天津到古冶，景色平静祥和，无法让人联想到这是通往灾区的道路。从古冶到唐山，景色霎时变得让人压抑，我不禁悲从中来。原本生机勃勃的参天大树，裸露着脆弱的树根，滚落的山石还能让人想象到地震发生时的惨烈，满目疮痍，不知有多少生命遭难……目之所及，一片废墟，没有一栋完整的建筑。

在实践中成长为全能外科手

作为第二批的抗震救灾人员，我们到达时，解放军已经在那里盖了一些简易房。当时看病是免费的。我们看病的地方由帐篷搭建而成，我们二十四小时都待命，一有情况就马上开始工作。当时外科和骨科病人很多。让我印象深刻的是破伤风的病人也特别多，因为之前在上海时没遇到过这类疾病，只在书本上见到过，没什么经验，也没有好的治疗方案。有些病人在经过我们的积极抢救后，还是死亡了，真的很遗憾、很可惜。后来，经过实践和讨论，我们大量使用了破伤风抗生素，扭转了这种不利的局面，挽救了很多生命。除了破伤风外，狂犬病当时在灾区也很常见，我们也是经过实践探索出了最终治疗方案，扭转不利局面。

我们当时的医疗条件不好，手术室只有一间，病床只有四五张。外科和骨科病人非常多。我们也经常被调到骨科参与截肢手术。不利的医疗条件加上恶劣的天气，给我们的治疗过程带来了很多困难。唐山在北方，冬天一到，摄氏零下二十多度的气温是常态。我们的手术室烧了煤，用一个管道通向屋子外，这种简陋的取暖设备，无法提供足够的暖气，空气里也总是弥漫着一股未烧尽的煤的味道。手术人员还穿着正常的手术服，在严冬的唐山，这样的手术服真的太薄了。我们剖开一位由蛔虫引起的肠梗阻病人的腹腔的时候，可以清晰地看到他体内的热气升腾而出。真的是太冷了！我们一边手术一边跺脚，正常手术下来，耗费的体力是平时的两倍——因为自身跺脚取暖和手术的缘故。我们当时把病人坏死的肠子切除后，发现他体内的蛔虫有一脸盆之多！密密麻麻，这些都是很难想象的。

有一位七十多岁的老太太，生育过七八个孩子，子宫脱水非常严重，在体外都可以看到子宫，并且脱落的子宫已经溃烂得发臭了。曙光当时没有妇产科，我也只是在实习的时候遇到过这种病例，但真要自己独当一面地处理这种病情，我真的是毫无经验。我当时不停地翻看书籍，和同仁制定治疗方案，然后进行了子宫切除手术，患者手术后情况很好。

还有一个病人，来就诊的时候五十多岁了，因为自己最喜爱的小女儿在地震中遇难，伤心至极，原本十多年的双侧甲状腺肿大的病情趋于严重，已经无法正常生活。这位病人有八十多公斤，一侧甲状腺肿大得有鸭蛋的大小。在地震之前，她曾在北京和天津寻医，没有医院敢收治。我们告诉她当时的医疗条件有限而且不利于手术，因为在地震现场这样的条件下做手术风险更大。但是家属坚持手术，我们请示上级领导后，给这位患者进行了手术。我现在还记得这位患者老太太的名字，叫董金凤。在手术后的第二天，这位老太太心跳和呼吸突然停止了，一是因为突发性的甲状腺问题，二是因为长期的膨大甲状腺压迫了气管，导致气管软化，手术后出现塌陷。当时还有简易的呼吸机，我们给她安上后，进行了三个月的抢救，这三个月中，患者臀部出现了一个直径20厘米的伸延至尾骨的肉瘤。曙光带了中药过去，我们就用生肌散等一些外用的中药治好了这个肉瘤。我还记得抢救到第二个月的时候，家属都不抱希望了，告诉我们他们已经准备好棺材了。但是我们还想再坚持一下。让我们很开心的是，这名患者最后成功地活了下来。1977年我们回上海后，她还特意来看我了。

苦其心志，劳其筋骨

除了医疗条件的艰苦，我们的居住和生活条件也是很艰苦的。刚到初期，我们还会遇到余震，有些余震还挺大的。有一次，我们在经过一天的高强度工作后，大家都熟睡了，结果六级余震突然而至，很多护士穿着短裤子跑了出来，都被吓哭了。我们住的床是木板床，上面铺一层稻草，就这么简单，我们就这样睡了将近一年，直至我们回上海。除此之外，保暖也是个大问题，烧的煤炉不够大，暖气供应不足。在吃的方面，当时国家总的经济状况不是很好，交通还未畅通。我们早饭吃小黄米稀饭、馒头和咸菜。中饭吃得最多的是天津大白菜，一大卡车的大白菜来了也没有储存的地方，就放在外面。冬天的时候大白菜也是容易坏的，当地百姓在平日里是将菜放在地窖里储存的，但是当时就只能放在外面了，外面冷，堆在相对里面的白菜是热的，所以就发酵发臭了。我们就是吃这样的白菜，中饭晚饭都是如此。几乎没有荤菜，鱼肉想都别想。有一次好不容易从天津搞来了两个猪头，当时食堂没有时间弄，就让医务人员帮忙，我们就将这些猪头放在外面，等着第二天来处理，结果发现不见了！原来都被狗叼走了……那种高强度的工作和高度紧张的情绪以及生活环境的简陋带来的不便交织在一起，让我们身心疲惫。

收获与回忆

我是队里年龄最小的，我家里有一个姐姐、三个妹妹，当时去唐山的时候，家里没有说什么，但作为父母，他们怎么可能不担心呢？家里当时的经济条件也不富裕，可他们也给我寄来了一些肉制品，可惜路程遥远，到了唐山都发霉了。将近一年后，医院领导考虑到灾后医疗服务趋向稳定，于是让我们在1977年国庆前回到上海。回到家时，父母都认不出我了，因为我瘦了20斤，又黑又瘦的。现在回想起来，当时作为一个年轻的医生就能参与抗震救灾的工作，我真的非常荣幸。在唐山将近一年的时间里，我的业务能力得到了很大的提升，这为我以后的工作提供了宝贵的经验。除此之外，我还很敬佩我们的人民解放军。当时交通中断，很多大型的挖掘机器进不来，是解放军徒手挖开废墟进行救援的。当时有出现遇难者尸体被狗拖走的现象，也是解放军在这方面实施措施，防止了灾后二次传染的发生，他们真的太让人敬佩了。

家里现在还保留着当时抗震救灾的纪念品——两个瓷杯子。我自己也很希望能去新唐山看看，和自己的孩子们说起这段回忆的时候，他们会觉得这就是一个医务人员应该做的，如果是他们，他们也会投身其中。其实，这段经历，真的是身临其中的人才能有真正感受，这对我而言是一生永恒的记忆。

念唐山

——郭忻自述

郭忻，1952年生。1975年毕业于上海中医学院医疗系后留校任教。曾为中药学院中药教研室教授、博士生导师、教研室主任。曾作为访问学者赴日本富山医科药科大学进修，以及作为国家药监局派遣的药审专家赴香港卫生署工作。曾获上海市红旗文明岗、上海市优秀教育工作者等荣誉称号。1976年唐山地震后作为医疗队成员参加抗震救灾。

1975年，我从上海中医学院医疗系毕业后留校。按学校党委要求，留校任教的老师要担任学生班主任锻炼一年，我当时是曙光班（曙光医院）1977级四班的班主任；同时每周参加门诊工作，并跟资深老师抄方学习。当从新闻报道中得知唐山地震的消息后，在曙光医院组织医疗队时，我立即报名，要求赴唐山参加抗震救灾，获得了批准。同去医疗队的队员除曙光医院的医生、护士及行政人员外，还有1976级学生和尚在就读的1977级学生数人（共六七人吧）。抗震医疗队的组织工作是由曙光医院和龙华医院医务科分别承担的。出发日期好像是八月伊始，我们是乘坐火车前往唐山的。临行前，当时的市领导还到火车站送行。乘坐多长时间的火车到达的唐山，我已经记不清了，只记得当时每人发了些压缩饼干，作为途中干粮。

在唐山所看到的场景是一辈子难忘的。当时的地震灾情之重是无法想象的，只见成片废墟一望无际，看不到一栋竖立着的建筑，地面上可以见到多层公房的平顶，楼身已全无踪迹，可见地震的强度和威力。

我们最初是住在帐篷里。地震后天气多变，经常突降瓢泼大雨，有时又晴日炎炎。日晒使帐篷中闷热难耐，大雨又让帐篷中潮湿不堪。当时余震不断，我常在睡梦中被余震惊醒。我们好像是一周后去了开滦煤矿的林西矿，在那里建立了抗震医院。林西矿的震后景象比唐山市略好。那里大多是两三层楼的日式建筑，所以还能看见一些布满裂缝、摇摇欲坠的小楼，马路坑洼不平。抗震医院的医务人员由上海中医学院、第二军医大学以及上海国际妇幼保健院组成，分别承担各自的日常医疗工作，包括门、急诊及住院患者的治疗。由于余震还经常发生，震级不小，为抗震防灾，抗震医院的建筑砖墙高仅一米，墙体上部及屋顶均是采用玉米秆等轻质材料外抹泥灰等建成的。

抗震医院的工作是繁忙的。工作分工也不是很明确。哪里需要，我们就在哪里工作。有时当医生，有时又是护士了。每天接待很多的门诊病人，大家的工作积极性很高，没有非常固定的工作时间，尤其是我们年轻人，即使工作时间再长，也不觉得累。在抗震医院，大家为了震区老百姓，都是心往一处想，劲往一处使的。那时医疗队员之间的关系很单纯，没有埋怨，没有计较，一心为灾区人民服务。由于当时很多遇难者的遗体被埋在废墟下无法清理，苍蝇蚊

郭忻（左）与1977届学生黎健在唐山抗震医院

子肆虐，传染病很快地流行起来。最常见的是细菌性痢疾。我记得食堂盖着米饭的纱布上，常常有一层黑乎乎的苍蝇。医疗队曾经为了预防菌痢的发生，让大家喝过马齿苋的水煎剂，但还是难预防，有不少医疗队员得过菌痢，我也没能幸免。那是来势凶猛的中毒性痢疾，会导致高热、血痢、体位性休克。在生病的日子里，同事间的关心令人难忘，更难忘的是我大学时的内科带教老师、已故的曙光医院院长余志鼎老师给予的关怀，他除了给我制定治疗方案外，还在物质极其匮乏的情况下，把从上海带来的巧克力给了我，这份关怀我一直铭记于心。

地震幸存的人们时时表现出恐惧心理。当余震出现时，他们会从病床上跳起来，以最快的速度逃离病房，来到空旷之地。那时没有心理医生的干预和疏导，我们就是心理疏导者，经常会与病人聊天、谈心，以舒缓病人情绪，希望逃脱地震灾难的人们好好地活下去。印象深刻的是唐山地震后的中秋节，当月饼发放到患者手中时，失去亲人的悲痛顿时被激发，病房中的哭声在我耳边久久挥之不去。

我们的辛勤工作得到了当地群众的肯定：上海医生的医疗水平高，服务态度好。

转眼两个月过去了，我们这批医疗队虽为抗震医院的工作打下了较好的基础，但需要长期驻守的队伍；加之出发前往唐山时较为匆忙，没有带够衣服，秋风初起，我们还是夏衣薄衫，于是我们换防了，好像在10月1日前回到了上海。

唐山抗震医疗队的经历是让人终生难忘的。我目睹了大自然的无情和天灾的残酷。虽然我回上海后与当地群众没有直接的联系，但当时那种不是亲人、胜似亲人的感情很难忘。我为自己能为唐山灾民贡献绵薄之力感到自豪。而抗震医院是我的又一课堂。在抗震的医疗实践中，我看到了不少上海医院看不到的危重病症，学到了不少知识。治疗新生儿的破伤风时，婴儿那苦笑面容深深刻在我脑海中，至今回忆起来还是那样清晰。同时，老师们精湛的医疗技术令我敬佩，记得当时曙光儿科的护士长（我已经记不得她的姓名了）在灯光昏暗的夜里给哭闹不停的患儿打头皮针时，硬是靠着手摸，一针见血地完成了注射。老师们的言行是我的榜样，是激发我学习热情的动力，也使我认识到过硬的专业技能的重要性。

那时还有令全国人民悲痛的大事，就是伟大领袖毛主席逝世了。我们在抗震医院的广场上，列队参加了追悼会。那天乌云密布，时而大风阵阵，刮起沙土，似乎老天也在哀悼伟人。此情形永在我心中，挥之不去。

忆唐山

——林水淼口述

口 述 者：林水淼

采 访 者：赵红彬（上海市中医老年医学研究所科研人员）

郁志华（上海市中医老年医学研究所党支部书记）

陈　川（上海市中医老年医学研究所所长）

时　　间：2016 年 9 月 26 日下午

地　　点：上海市中医老年医学研究所会议室

右为林水淼

林水淼，1941年生于上海，中共党员，博士生导师，上海市名中医。1964年起，先后在上海中医学院附属曙光医院、附属龙华医院、上海中医药大学（**上海市中医药研究院**）、上海市中医老年医学研究所从事医疗、教学、科研和管理工作。曾任上海中医药大学副校长、上海市中医药研究院副院长等职。唐山大地震后，林水淼教授作为上海中医学院抗震救援先遣队领队抵达地震灾区，负责唐山第二抗震医院的筹建工作，至第二批抗震医疗队进驻抗震医院并全面开展医疗工作后，于国庆节前与首批抗震医疗队一起返沪。

紧急赶赴地震灾区

发生在1976年夏天的唐山大地震已经过去40年了。作为参加抗震救援的一员，当年的很多事情我已经记忆模糊了。然而，对于其中一些往事片段，我依然难以忘怀。我的这一段经历现在很少有人知道，确实也有讲一讲的必要。

7月28日上午，我听到了唐山发生大地震的消息。当时我是上海中医学院附属曙光医院医务组组长，下午接到市卫生局电话通知，要求迅速组建抗震救援医疗队，次日出发赶赴唐山。按照卫生局的要求，考虑到灾区外伤病人较多的情况，第一批医疗队成员以外科医生为主，另有少数内科医生及护士。

29日午后，包括我院在内的上海医疗队从北站出发。站台上人山人海，很多医疗队员的家属前来送行。人们情绪高昂，还有人拉起横幅向医疗队员致敬。无需凭票，队员们登上了北上的专列。他们都不清楚这次的医疗救援会历时多长时间，何时才能平安返回。

从送行现场回来的第二天（30日）早上五时许，我接到了上海中医学院打来的电话（当时的体制为：医院的医疗卫生工作归卫生局领导，政治工作归大学领导），通知我参加关于唐山地震医疗救援的紧急会议，稍后会派车将与会人员送到学校的会议现场。

六点钟，之前从未坐过轿车的我，从位于宁波路的家中乘坐学校派来的红色小轿车（当年是为校领导配备的），赶到了零陵路上的大学。这一时期我校的管理体制是"工军革"（工宣队、军宣队、革委会）领导。在这次紧急会议上，工宣队负责人提出，按上级要求需立即派出先遣队赶赴唐山，负责筹建类似于野战医院的抗震医院。

会议宣布了上海中医学院先遣队的四人名单：林水淼（曙光医院医务组组长）、高庆栋（龙华医院后勤部门负责人）、陆传书（曙光医院财务组组长）以及王老师（具体姓名已记不清楚，上海中医学院总务处处长，解放前参加革命，军队转业干部）。我们四名先遣队员的工作分属医务、后勤、财务、总务等部门，它们构成了抗震医院的基本组织架构。我们四人中，王老师年龄最大，有五十多岁了，已经满头白发。陆传书也已年近半百。高庆栋比我年长几

林水淼在欢迎第一批唐山抗震救灾医疗队归来大会上发言

岁；我当年35岁，是医院革委会委员，又负责医务工作，学校安排先遣队由我带队。会议近七点结束，要求我们先遣队员回家整理随身衣物，九点钟再到学校集合出发。

乘49路公交车历时近一个小时赶到家里，已经快八点了。家里九岁的大女儿和七岁的小女儿上学去了，妻子上班去了，七十多岁的老父亲去公园了。当时那样的情况下，我也没时间当面告诉他们要出远门的消息，一个人在家里迅速找出几件替换衣物（内衣、内裤以及两套毛蓝布外衣）和洗漱用品，给家人留了张纸条，又马上赶到了学校。

此时学校早已为我们准备好了出发的装备（由曙光医院提供），内有一张草席、一张毛毯（类似于军用毯）、一件雨衣、一罐压缩饼干（500g）、一个装满水的军用水壶，另有一些治疗肠道感染和感冒发热的药物。连同自带的行李一起，我们用塑料布打好背包，由学校安排乘车到达虹桥机场。竟有乘飞机的"待遇"，这是我们意想不到的，后来才知道，由于唐山铁路中断，前一天乘火车北上的医疗队并没有及时到达灾区，一部分是从天津下火车再转乘军用飞机才到达唐山的。

到达灾区的第一印象

我们十点多钟到达虹桥机场，但飞机起飞有所延迟。近下午一时，仅搭载我们四名乘客的"专机"终于起飞。两个多小时后，飞机飞抵唐山上空，飞行员告诉我们，唐山就在下面。从飞机窗户向下望去，整个大地几乎沦为一片平地，全都是废墟，仅有极少数的残垣断壁夹杂其间，根本没有结构完整的房屋。看到这种景象，我们每个人都痛心不已。

抵达唐山机场后，机上人员告知我们要先报到，并告诉了大致方向。我们向机场工作人员多方打听，找到了设在机场的报到地点——唐山抗震救灾指挥部。指挥部背靠一面墙，周围树着几根竹竿，搭了一块塑料布用来防雨，地面垫高后平放了十余张门板。我们向接待人员通报后，对方安排我们在机场吃晚饭，晚上会有司机将我们送到建立抗震医院的地点，但并没有人告诉我们地点的具体名称。当时指挥部工作人员异常繁忙，我们也无法细问。

大约下午五时，天空还没有完全暗下来，机场食堂开饭。食堂为平房，并没有倒塌，大概有半个篮球场大，当晚有几十个人就餐，其中有各地的医疗队员。机场地势空旷，没有太多房屋，不用担心余震伤人，同时也便于运送伤员，当年第一批医疗队首先是在机场附近展开救治的。此时上海抗震救援医疗队尚未到灾区。晚饭准备的是稀饭配酱菜，在当时情况下已是相当不易了。食堂里面闷热，外面有石板石凳，我建议大家打好饭在外面吃饭。

坐下来吃饭不到十分钟，我突然感到地下似乎有轻微的震动。地震啦？对面的两位队员没感觉到，旁边队员说似乎有震感。话音刚落，食堂里面传出"地震啦！快跑啊！"的叫喊声。顿时，食堂里吃饭的人有的冲门而出，有的破窗而逃。其中有一个人徒手砸窗，打得拳头血肉模糊。还好有医疗队员在场，及时对他进行了伤口清创、包扎。后来我们知道确实发生了余震，食堂厨师掌勺时瞬间感到手腕不听使唤，再加上连日来的地震经历，所以当即带头逃出食堂，并呼喊提醒大家注意。

饭后，我们坐在指挥部的门板边上，焦急地等待运送我们的汽车。晚上十点多钟，一辆大卡车来接我们。汽车上有帆布雨篷，我们四人上车坐在篷下。

一路颠簸，我们困意渐生；午夜过后，寒意渐起，衣物不方便取出，我们掀起垂下的篷布盖在身上取暖……

天亮时分，也就是31日早上五时左右，司机停车告诉我们，指挥部安排建立抗震医院的地方到了（直到回沪，我们也不知道那个地方的具体地址）。下车查看地形，发现那里应该是郊区的一处空地。周围楼房已经倒塌，平房并没有完全倒塌，有的只是屋顶塌下来，但还能落脚。后来知道那块空地当年叫林西广场，是唐山第三人民医院的空地，医院已经倒塌（现位于古冶区林西煤矿北侧，为唐山市集才中学的操场）。我们的任务是建立抗震医院，为下一阶段大批医疗队的到来做好准备。一段时间后，将会有专人与我们联系相关事宜。

我们首先要做的是搭建一个夜间休息的地方。偌大的广场上有一处稍微高起来的地面，磨盘一般大小，应该不到十个平方米。其他地面都是沙土质，此处却是石质。地面上还竖着几根木桩，也不知道之前是何用途。考虑到可以避开墙体等危险地段，我们决定就在此地落脚。我们用塑料布将四周和顶部围起来，将草席铺在地上，这个屋棚算是一个临时的安身之地了。地震刚过，天气炎热，还经常下雨。那时当地没有电话、邮局，更没有交通工具，我们无法与外界取得正常联系。

饮水的问题还需要解决，学校总务处的王老师自告奋勇，他说自己当年曾参加延安中央警卫团，在战场上和日本鬼子拼过刺刀，野外求生的技能还是有的。我们和他一起在房屋倒塌的废墟中找到了灶头、饭锅。怕我们担心余震的问题，他说自己住过窑洞，对识别和躲避危险还是有经验的。我们又找到三个水缸，合力搬到了广场上。现场没电没水，附近也没有自来水管，水缸或许可以用来收集、储存雨水。

然而等雨毕竟不是长久之计，寻找水源仍是当务之急。我们进一步扩大范围寻找，在离住地步行10—15分钟远的地方，我们发现一幢五六层的楼房，楼房仍残留一面两三层高的墙体，上面有水沿着墙面流下。水流流量可观，一时半会没有减小的趋势。我们找来脸盆接水，发现这些水竟然泛着黑色。附近就是开滦煤矿，这是不是洗煤水呢？顾及不了这些，有水已经非常不错了，我们就在那里洗了脸、刷了牙。

我们返回住地，天色渐暗。白天还是骄阳似火，晚上下起了大雨并伴有余震。风雨交加之际，我们四人紧紧拉住固定屋棚的绳索，以防"房倒屋塌"的发生。这样一个夜晚终于过去，日历已经翻到了八月份。

克服困难，救治伤员，筹建抗震医院

八月份的最初一周，并无相关人员前来安排任务，当然我们并非无事可做，因为我们还要选一处集中排泄大小便的地方。在广场远处的一角，我们用找来的锄头等简易劳动工具（没有铁锹），深挖了两个大粪坑，周围又用篾席围上一圈，以此作为简易厕所，预备日后到达的医疗队使用。

中心任务还是医疗救治，我们在水缸边竖起了木牌，写上"上海医疗队"的字样。广场靠近大路，因此很快就有群众前来看病。

我们当时只携带了少量药品，西药如退热药、抗生素之类，中草药有一见喜（穿心莲）等，我们免费提供给他们服用。最初有消防员急性腹泻，服药见效之后，他们询问我们有何生活和饮食困难。四人中，我平时饮水就不多，那次一壶水就维持了一周的时间；另外三人，早早就将他们自己的水喝光了，接下来只好去喝"黑水"，都患上了腹泻。了解到这些情况后，消防员提出帮助我们解决饮水问题。隔日，他们驾驶消防车从很远的地方拉来水，路过时总要给我们灌满三大缸。尽管水缸暴露在外面，不免有灰尘污染，毕竟大大改善了饮水条件。

饮水问题算是基本解决了，充饥用的压缩饼干在一周后也差不多吃完了。此时救援物资开始发放，我们也分到了米和面，由王老师负责煮稀饭。有了卫生的饮食，陆传书等几人的腹泻也逐渐痊愈了。

就诊的病人越来越多，常见的有骨折、压伤、腹泻等病症。我们在与他们接触的过程中了解到地震发生前后的一些情况，耳闻、目睹了地震给灾区人民造成的巨大痛苦和创伤。广场外的道路边上随处可见新起的坟头，空气中弥漫腐臭的味道，夜间还会听到有老人凄惨的哀嚎……

我们进驻灾区1—2周后，承德地区派人到那里援建抗震医院。我事先设计了医院的配置，药房、门诊、病房、手术室（包括准备室、消毒室等）这些基本条件还是要具备的。医院的建设相当简陋，仅以竹篱笆为墙将各科室、房间分隔开，仍然是泥沙地面。

在此期间，承德援建人员透露，承德当地使用"土设备"提前几天预测到唐山可能会有大地震，并电话通报给了唐山地震部门。唐山群众反映，震前确实有相当多的异常现象，如狗狂吠、咬人，牛羊不进棚，泥鳅上岸等。但唐山的"洋设备"在震前并未测得异常，因此未予重视。国家地震局获悉两方的分歧后，迅速指派三名专家前往唐山实地了解情况。三人入住唐山市委招待所，有一人幸免于难，仅受轻伤，后来曾到我们那里救治。经询问得知，他当晚特地睡在写字台下，并靠近窗户，还把水壶和饼干放到写字台抽屉里。地震时预制板仅压住写字台一角，造成其骨折。他在天亮后获救，算是躲过一劫。在我们那里接受诊治时，他禁不住感叹"洋设备"不一定就好过"土设备"。

约八月中旬，上海中医学院曙光、龙华、岳阳三家附属医院及校本部组成的医疗队合计三十多名队员，由曙光医院羔萍同志带队进驻抗震医院。那时阻碍交通的巨石已经移除，道路交通基本恢复。队员们告诉我们，他们当时乘火车下车后，步行拉练赶到最初的医疗救治地点。队员们携带的两顶大帆布帐篷，男女各用一顶，作为睡觉休息的地方。我们四人早已习惯了简陋通风的塑料布屋棚，反而不愿去忍受帆布帐篷的低矮、闷热了。到那时候，尽管条件仍受很多限制，没有电灯，只有手电和油灯，但基本的医疗卫生工作都可以开展了。

见闻与感触

此后的日子里，我们对余震有了更深刻的认识。有多次地震经历的人告诉我们，一旦出现酒瓶、热水瓶倒下的情况，应该至少为五级地震。每当大的余震发生后，附近街道上就会有吉普车载着大喇叭广播，提醒居民余震后不要到倒塌房屋内捡拾物品。

后来我们了解到，地震对市区造成的破坏相当严重。唐山地委和市委都是楼下办公、楼上住宿，所以地市领导伤亡严重。空军第六军军部也在市区，伤亡情况更为严重。然而，震后幸存的地市领导迅速组织指挥抗震救灾，唐山机场在极端困难的情况下担负起繁重的转运任务。大致分析起来，市区楼房多为预制板结构，地震来临之时，首先为垂直震动，随后为水平摇动，造成地基松动，楼体往往垂直塌陷，因而震亡者很多。抗震医院所在的郊区，屋顶多为木梁承重，灾情严重程度相对小些，被压伤者较多，死亡者较少。

我们在震区开展工作的后一阶段，地市相关部门有时派吉普车送我们到市区参加会议。会上会下，我们又进一步了解到地震前后的一些事情。有铁路工人在地震前听到如雷声般的地声，随后看到天空有一长道红光（地光），之后即发生了地震。原先平行笔直的钢轨被震成了扭曲凸出的形状，可见地震强度之大。

就我们的所见所闻来讲，感触最深的还是英勇抗震的解放军，他们真不愧为人民的子弟兵！解放军战士和医疗队最早到达灾区中心开展工作。救助救治和防疫之外，解放军还要负责保护重要部门的安全，维护社会治安的稳定，及时发现制止"趁火打劫"等行为，更有大量尸体需要他们转运。

我们在灾区看到大量的幸存者睡在自家倒塌的房屋附近，往往是地面垫上砖头，再铺上门板当床，上面支起雨布，全家挤在一起，就是一个临时居所。损失轻一点的家庭还会用木箱、衣物隔开，生起炉火做饭。地震致使众多家庭残缺不全，他们在基层组织的安排下，像《红灯记》的剧情那样，组成了临时家庭，以便相互照应。

在后来的英雄事迹报告会上，我们还听到了开滦煤矿工人讲述的动人故事，井下工人在封闭断电的情况下，沉着冷静、互帮互助、互相鼓励，摸黑顺利地返回了地面。据一名在医院获救的小朋友讲述，在生死危机的情况下，压在预制板下的三个同病房住院的成年人把生还的希望留给了他：众人把仅存的食物，甚至包括小便都提供给小朋友求生。当时获救的人员中，被埋时间最长的达十天。

在人性的大考验之下，少数人也折射出丑恶的一面：有落井下石者，有见死不救者，有过失害人者。非常时期，他们最终都受到了极重的惩罚。

抗震救援经历带来的思考

参加地震救援一个体会就是，要用更全面的专业知识武装自己。在医疗条件不足的情况下，中医更有用武之地。针灸、推拿等非药物疗法都能派上大用场，比如针对菌痢、腹泻，针刺足三里和上巨虚即可获效。在最艰苦的前两周，有时出诊要步行很长距离。好在当地的急危重症并不多见，普通的骨折复位我也可以解决。我们也听说，有灾民因家人生产到医疗队求助，缺少妇产科医生的时候，就由其他医生和护士代替。有人打手电，有人阅读助产要领，有人实际操作，胎儿最终顺利降生。这些故事看似滑稽，却让人无奈，同时也反映出非常时期医务人员的责任与担当。抗震救援确实是对人生的一次历练！

待到我们先遣队撤回时，医疗队的工作生活条件已大为改观，吃用均有保障，周末还会安排有参观和购物等活动。后来第三批医疗队到达时，市区的火车站和铁路运输已经完全恢复。我们从唐山返回时，当地领导和群众在火车站敲锣打鼓，为我们披红戴花；回到上海后，我们同样受到了热烈的欢迎，后来市政府还组织我参加了巡回报告团的演讲。

对于参加地震救援的每一位成员来说，那里就是没有硝烟的战场，党员的党性在闪光。先遣队四人中，除陆传书外，另外三人都是党员，急难险重的任务都是由我们三人来承担。在当时那个时代，人们更多的是舍小家、顾大家。离开家的时候，我只留给妻子一封短信，由她担负起照顾老人、孩子的重任。而在外的两个月，我根本无法与家里取得联系。因为音讯全无，家人并没有提前得到我要回家的消息。待到我回到家里，我老父亲和妻子都十分惊喜。

遗憾的是，由于当时出发匆忙，我没有带上日记本，上海牌照相机在那个年代也还是一件奢侈品，所以没留下文字和影像记录。我们撤离时，唐山的企业尚未恢复生产，据说当地的瓷器很有名，我们却没机会目睹，所以也没留下纪念品。

当时听说由于大量的建筑垃圾清理不易，政府拟另建唐山新城。现在从媒体上看到唐山已恢复甚至远远超过了震前的繁荣，我感到特别欣慰。我们的党不愧为伟大、光荣、正确的党。

巧用针灸治杂症

——周端口述

口 述 者：周　端
采 访 者：刘　胜（上海中医药大学附属龙华医院党委书记）
　　　　　虞　伟（上海中医药大学附属龙华医院人事处副处长）
　　　　　管思思（上海中医药大学龙华临床医学院住院医师规范化培训医师）
时　　间：2016年9月28日下午
地　　点：龙华医院行政楼9楼接待室

周端，主任医师，教授，博士生导师。第三届全国名老中医学术继承班指导老师，在中医风湿界享有较高的声誉。1976年作为上海第二批医疗队龙华医院的队员，参与唐山大地震的抗震救灾工作。

热血青年 奔赴一线

我们是从广播中得知唐山发生了地震的消息的。作为第二批救灾医疗队前往唐山，我们国庆过后才回上海。当时我们的队长是针研所所长陈汉平，还有老一辈的邱佳信、李祥云等医师。那时我刚从学校毕业不久，作为热血青年，自主报名要求到抗震救灾第一线去。第一批医疗队在地震发生当天晚上就出发了，我们是第二批，第二天下午简单地开了一个动员会，第三天出发的。

那时天很热，摄氏三十七八度。我们是坐火车去的。当火车进入到河北地带后，路况就不好，一边修路，一边前进，速度很慢，比预计的到达时间晚了很久。我们是凌晨一两点到的，夜里漆黑一片，只觉得路途漫漫。天亮后发现周围是一片废墟，满目疮痍。

总体的生活情况，开始很艰苦，后面的时候好一些。开始我们住在大的帐篷里，一个帐篷住几十号人，一个床接着一个床。病人也住在帐篷里。到了后期我们才住到芦苇做的房子里面，通风都还可以，就是比较潮湿一点。一开始可用的淡水有限，雨水都变得很珍贵。后来慢慢通了自来水，才缓解了用水的紧张。记得8月份天气炎热，已经有很多天未洗澡，实在是没有办法，我们就几个人结伴，一起去离住的地方不远的一个没有被地震震塌的空学校偷偷洗澡。

饮食方面，每天早上吃压缩饼干、稀饭，中午的话，也没什么特别的，不过有馒头、米饭和酱菜。到了后期，条件有所改善，有从天津和秦皇岛运过来的肉类、苹果等。卫生条件比较差，吃的馒头会有苍蝇在上面飞来飞去，有很多人得了痢疾，我也得了，现在还遗留着慢性结肠炎。

艰苦条件 正常救援

当时，一般情况都稳定下来后，百姓一起参与抗震救灾。工厂、学校、商店基本看不到，小摊还是有的。一到唐山后，我们就开始工作，和老百姓接触比较多。最初的一个多星期在帐篷里面工作，后来到了东华医院，开始了值班、三级查房，邱佳信等医师每天带我们查房，工作很认真。除了地震的身体损伤外，大部分病人得的是内科疾病。我们常遇到的病种有：肺部感染、下肢溃疡、中风等。遇到中风后遗症病人，我们会为他们进行针灸治疗。考虑到地震后病人的特殊性，遇到的病人如果是知识层次比较高的群体，如老师等，他们精神上会比较焦虑，有恐惧感，我们会在治疗的时候进行一些心理方面的疏导。

除了一般的门诊，我们还提供了上门服务。记得一个中风的老先生，地震时家人受难，只留下了自己和两个女儿，女儿还比较小。我和岳阳医院的一位1977届医生，两天一次上门进行针灸治疗，坚持了一个多月，病人的症状改善，他家人对我们上海医疗队十分感激。

余震频发　心志坚挺

在救灾过程中，我们经常碰到余震，印象比较深的就碰到过好几次。有一次我们是在食堂里面，食堂经历过地震，虽然没有完全倒塌下来，但房屋受损明显。刚吃着早饭，余震来了。我们反应比较慢，有两个反应快的直接从窗户跳出去了。9月9日毛主席去世，唐山地区举办了悼念会，我们所在的医院也召开了追悼会，当时就有余震来，热水瓶倒了，台子也开始移动。

当时条件有限，对于影像资料的观念都比较淡薄，没有留下什么照片。但抗震救灾的经历，对自己的影响比较深远：首先，在国家有难的情况下，年轻人应该挺身而出；第二，在艰苦的情况下，要发挥人的韧性，作出贡献；从长远角度来说，对工作是一种激励和鞭策，也在传播一种社会正能量。

从专业治疗来说，在外科、骨科方面的思考可能比较多，内科较少。因为疑难杂症比较多，临症启发较多。从年轻医生的角度来说，要经历这种过程，要促使自己在艰苦的环境下，多动脑筋多思考，多想办法解决问题。

总的来说，当时没有任何的优惠政策，我是作为一名医务人员义无反顾地前往唐山的。年轻人在国家碰到重大突发事件的时候，要勇担社会责任，义无反顾。从党员角度来说，我们要做到为人民服务，体现自身价值。

永远不放弃希望

——邱佳信口述

口 述 者：邱佳信

采 访 者：虞　伟（上海中医药大学附属龙华医院人事处副处长）

管思思（上海中医药大学龙华临床医学院住院医师规范化培训医师）

时　　间：2016 年 10 月 31 日

地　　点：龙华医院行政楼 9 楼接待室

邱佳信，主任医师，教授，博士生导师，上海市名中医，享受国务院特殊津贴。1960年毕业于上海第二医学院。曾任中国中西医结合学会理事、上海市中西医结合学会常务理事、上海市中西医结合肿瘤专业委员会副主任。1976年7月作为上海第二批医疗队龙华医院的队员，参与唐山大地震的抗震救灾工作。

唐山大地震是一件大事情，那时我是在电台听到这个惊人的消息的，当时电台没有讲得太详细，不知道具体情况，只知道是很少见的大地震。消息出来的第二天，医院要组建一个医疗队，派我参加，当时正遇上爱人身体不适，需要我在身边照顾，但我只有一种想法：要听党指挥，服从组织安排，克服个人困难，接受任务。匆忙做了一些准备工作后，我就出发了。记得走之前，医院已经派出数位医生，比我们先到了一两天。

我们是坐火车去的，到唐山附近下车。那时刚好是中午，我们就在下车的地方坐下来，正准备吃饭时，突然一阵余震，很多人都涌到外面，好在吃饭的棚子是新搭的，房顶很轻，没有造成什么伤害。那是我第一次感觉到地震山摇，很想快一点出去，就是很难迈开腿，摇晃中才离开了吃饭的地方。后来我们很快步行到了震区，进去的时候看到一片惨不忍睹的景象：已经倒下和将要倒下的房子，没有屋顶的残垣，以及各种可怕的景象。唐山很冷，听当地的百姓说，他们房子的屋顶一般都是胶质顶（炼矿废料再经过加工的很厚的屋顶），这样的屋顶防寒功能很好，但是太沉，以致地震一来，房顶压塌了，很可怕。我们是大地震后的两三天到的，很多解放军都在抢救，他们没有救援工具，只能用手和能找到的简单的工具，抢救确实很艰难。很多人，特别是解放军体现出了一种勇敢、忘我的精神，我们也被这种精神所感动。

我们也作出我们的贡献，碰到病人，很认真地完成工作。当时医疗队除了我们医院的人，还有曙光医院、长征医院的人员和大学的老师，这些人组成了东片医疗队，有外科、内科和伤科，还有护士。我们碰到的病人经常是缺胳膊少腿的，外伤的比较多，还有发烧的、腹泻的、呕吐的以及精神受到严重创伤后产生应激反应的病人。

看到送来的病人痛苦的状态（外伤和内伤交杂在一起），我们很怕表现出令人惊异的表情而伤害病人。我们的心理压力很大，同时也激发了我们利用所掌握的医学知识，尽可能地在抢救中发挥作用的潜能。中医的治疗显示出了无比强大的生命力。在当时缺医少药的情况下，由于带的药少之又少，一下子就用完了，但我们还是尽力去抢救。如伤科有很多中医的传统治疗方法，作为内科，我们广泛利用针灸、推拿以及我们可以考虑到的中医中药，例如发高烧时，打曲池穴位效果很好，我们可以用一根针解决问题。

我们每天例行查房，运用共同的智慧，用最好的治疗方案把病人治好，也就是在当时的具体条件下，利用手上有的一个药箱，看所有的病。经过思考和组合，我们发扬中医"验（有经验、有疗效）、便（方便）、廉（便宜一点的）"的思想解决各类医疗问题。当时来自不同医疗背景的人员，会有不同的诊疗意见，总之一句话：从病人的最大利益出发，保证疗效。

在生活方面，依靠当地领导、解放军、老百姓的努力，我们有了草棚来供医疗和住宿用，如果没有他们的帮助，我们连茅棚也搭建不出。我们亲眼看到水沟里都是血水，水不能喝。医疗队也没有水喝，饿肚子还好说，没有水喝真的难受，只能靠派后勤人员去打十公里外的井水，或啃一口苹果和生萝卜解决喝水问题。食物是由当地分配的，刚到灾区的时候，食物和饮水都极度匮乏。当时地震破坏了电力设备，当地存放肉类的冷库被破坏并被掩埋。当地领导带领群众奋力挖出了冷库中的一批猪肉。虽然猪肉已经有了异味，但面对百姓不舍得吃而让我们先吃的厚情，也因为的确非常饿，我们还是吃得很香。除了当地的食物和老百姓的支持外，有一次领导派我去山海关机场，给解放军的伤病员做治疗，回来后，山海关机场给我们医疗队提供一部分食物，都是解放军省下留给我们吃的。在抢救的时候，老百姓都很配合，虽然食物少，但没有抢着吃，有食物都会无私地提供出来。总之一句话，生活条件确实很艰苦，但是大家都相互帮助，都克服自己的困难，把救援任务完成了。

救援工作期间，我们还不时听到些感人的小故事。有一个司机被压在地下，被解放军救出来的时候，右上肢压迫坏死，由于其他人不会开车，他放弃了马上做清创的机会，坚持运送病员和物资，几天后整个右肢坏死了，需要截肢，他永远失去了右臂——这是伟大的奉献精神。在之后的从医道路上，无论遇到多委屈的事，一想到这样的故事时，我就释然了。

在唐山救援了几周后，广播里播出了毛主席病逝的消息，大家自发地参加追悼会，操场上很多人，大家都在默哀。过了没多久，我们就接到组织上的通知，后续的支援医疗队要来了，让我们撤离。我们就按照组织制定的路线，回到了上海，在开过一次短暂总结会后，就回归临床工作了。

虽然事情已经过去了40年，我找不到以前收集的东西了，和唐山的人也没有再联系，但精神层面的联系一直存在。至今我还关心关于唐山的新闻和消息，看电视时遇到唐山的镜头会特别感兴趣，一看到唐山的专题片，就很激动。现在唐山不比很多国外的城市差，一对比，我有种由衷的自豪感。当时的救援，对唐山人民来说是雪中送炭。当地老百姓在碰到天灾的时候，党组织全国医疗队员到他们身边，抢救生命。坚强的党的领导是不可缺少的，也只有在党的领导下，全中国在一个晚上就全部动起来了，有钱出钱，有力出力。很多地方都是毫无私念地贡献自己的力量，为唐山做一些力所能及的事情。如果没有政府的领导、解放军的参加，不知还要多死多少人。唐山的本地人如果想要自己走出困境，几乎是不可能的。在党的领导下，唐山人民克服天大的灾害，勇敢地站起来了。

唐山救援对医疗队的影响，除了实实在在的医疗技能的提升外，更大部分是精神的升华。参加医疗队，队员们都受到感染，大家都发扬不怕苦、不怕累的奉献精神，互相帮助，共同完成抢救任务，给我们留下了深刻的印象。对当地的百姓而言，他们本来心灵受到严重创伤，不过因为全国人民不顾一切的全力抢救，也受到了精神的鼓舞和心灵的安慰。

对我个人而言，影响也是很大的。首先我意识到生命的可贵，要珍惜生命。救援工作对我是一个很大的教育，当我面对恶性肿瘤临床问题时，有些人总说：到了终末期了，混混就好；我则只要有一丝希望，就全力以赴，去抢救生命，这是我在治疗恶性肿瘤时的重要生命理念。其次，我感到工作上、生活中的任何困难都没有大地震带来的困难严重，也坚定了我克服一切困难的决心。犹豫时我会不知不觉地想起唐山景象，用唐山的精神来鼓励自己。在工作的时候，免不了被误解、受委屈，被种种条件所限制，想起唐山经历，我在个人利益方面的得失心大大减少。

现在，从经验教训方面看，唐山大地震的救援工作，对每一个参加的人，甚至对每一个中国人都是非常好的正面教育。不管是国家，还是个人，我们当时做了所能做的一切。对于天灾，我们在唐山地震之前不太关注，如今我们面对自然灾害要有所准备，就像中医治未病的理念，要做好预防工作。除了提升医生的专业素养外，建议培训好医护人员的最基本的抢救技能，发挥中医优势，医学生必须要掌握这一本领，不能掌握的话算不上一名全面的医生。

我的唐山记忆

——李祥云口述

口 述 者：李祥云

采 访 者：虞　伟（上海中医药大学附属龙华医院人事处处长）

　　　　　李　丹（上海中医药大学龙华临床医学院住院医师规范化培训医师）

时　　间：2016 年 9 月 27 日

地　　点：龙华医院行政楼 9 楼接待室

李祥云，教授，博士生导师，上海市名中医。1964年毕业于上海中医学院中医系，毕业后一直从事中医妇科临床医疗、教学、科研工作。2013年至今担任上海市名老中医学术经验研究工作室导师、第五批全国老中医药专家学术经验继承工作指导老师。曾任上海中医妇科学会副主任委员、上海市中医妇科协作中心副主任、上海市中医妇科学会顾问，《大众医学》杂志顾问。台湾长庚大学客座教授，香港大学《中医药课程》评审委员会委员。

我在1975年加入上海支援贵州循环医疗队，被组织安排到了贵州普安县，我是副指导员。我们医疗队当时有二十多人，由医生、护士、药剂师等组成，军宣队的指导员负责带队。历时一年后回上海，不久，唐山大地震就发生了。地震后，全国开始救援，我们医院派去了第一批抢救医疗队，唐山市因剧烈地震，伤亡太过惨重，医务人员不够，需要增派。一个星期后，我们支援贵州医疗队的二十多人就接到组织命令，全班人马又出发奔赴唐山灾区了。当时我父母还在，孩子才一岁多，并且每月都要发一次肺炎，怎么办呢？我想我是党员，也是我们医疗队的指导员，家里需要我，但唐山人民更需要我，个人利益要服从集体利益。我爱人也是党员，她也很支持我去。1976年8月，我告别亲人、同事，义无反顾地踏上了北上的火车。当时我们并不知道要去多久，也没有考虑过可能会遇到的危险，只知道唐山需要我们全力以赴去救援。

北向唐山

　　我随身只带了一个小包，包里有两件换洗的衣服，一床在贵州用过的小薄被，就这样奔赴唐山。当时是八月份，天气很是闷热，火车上人挤人，汗流浃背。我们没有准备什么吃的，火车走到哪里，沿途百姓送了就吃些，不送就没有，经常忍饥挨饿，但没有人抱怨，所有人都想着快点到灾区，为那里的群众带去希望。

　　火车走走停停，两天后到了天津，天津火车站地面都是裂开的，我们才知道地震竟然有那么严重。后来我们在快到唐山的时候下了车，到了东矿区，那里原来是一个矿区，被临时改成救援点。东矿区上有个很高大的纪念碑，地震后被拦腰折断，上面的一半压在下面的断裂处，摇摇欲坠，很是吓人。一路走来，我的心情也十分沉重，地震造成的损失太严重了，几乎看不到房屋，全部都坍塌了，一望无际的废墟，到处都是断墙瓦砾。印象很深的是我曾路过一个肉类加工厂，天气炎热，肉腐烂了，臭气熏天，方圆几里都可以闻到。腐臭的气味，满眼的废墟，又加上余震不断，那种感觉我一辈子都忘不了。可我来不及悲伤，必须赶快投入紧张的救援工作，我知道，给唐山人民最好的安慰，就是用我们的医术挽回一条条生命。

艰苦打不倒我们

在东矿区，我们的住所是树枝搭起来的帐篷，很是简陋，刚到的时候宿舍还不分男女，每个床铺之间就隔了一层蚊帐，但没有人在意男女之别；到后来条件好一些了，我们才分了男女宿舍。

印象深刻的是我们到矿区吃的第一顿饭，大葱蘸面酱，又咸又辣，幸好我是北方人，能吃得惯，好多上海的同事都吃不惯，有的就开始拉肚子。在之后的七十多天里，食物都很缺乏，我们吃得最多的就是压缩饼干了，刚开始还觉得蛮好吃，连菜都吃得很少，吃多了就不好吃了，最后看到饼干就恶心。除了饼干，我们就只能去吃大葱和大蒜，大家开玩笑说这样可以消毒杀菌，预防传染病，所以我在唐山期间很少生病。直到现在我还保留了吃葱蒜的习惯，返沪后，不工作的时候我就专门去吃些葱蒜，并且也劝我的孩子吃，这样能在恶劣的环境下生存下来。

水更是缺少，我们不敢随便喝水，井水都是污染的，不能喝。后来是救护车来送水，每天给一面盆，吃、喝、洗用都只有这些，根本就不够。我们用的时候很是节约，而且反复利用。最厉害的就是余震，天天十几次，刚开始去的时候我有些害怕，最后都习惯了，只觉得不过就是动不动颠两下，没什么稀奇的。有一次我们在开会，突然觉得地面在晃动，我整个人不由自主地冲了出去，后来才知道，那次余震有五点几级。当时跟家里的联系也完全断了，七十多天里都没有家人的音讯。尽管条件很艰苦，但是大家没啥怨言，也没有提什么要求，能过得去就行，一心只想抢救病人。任何困难都打不倒英勇的中国人民，更阻挡不了我们医务人员的救援步伐。

全力以赴的救援

在东矿区，我们既有分工，又有协作，科室简单地分为内科、外科和妇科。工作不分白天黑夜，我们住房旁边就是病房，有情况能及时赶到。我们也曾安排值班医生，但不管谁值班，我们都处于随时待命的状态，有需要就上，比如抢救病人，人手本来不够，无论在不在休息，大家肯定都要去，任劳任怨，义无反顾，这是我们医生的天职。

我当时跟国际和平医院的邵医生一起负责妇科，药品比较少，工作条件很差，产房也特别简陋，都是临时搭建起来的，我们当时只带了少量医疗工具。那段时间生孩子的特别多，还碰到好几次剖腹产，应该是地震来了，大家忙着避难，精神比较紧张，所以早产的比较多。虽然药品很缺乏，不过我们平时的手术还是很重视消毒，没有感染的，这还是比较欣慰的。

我是中医妇科医生，不过曾经专门去长宁妇产医院、仁济医院学习过产科，所以所学的知识完全派上了用场。有时候人员不够时，我一人就能完成接生，我是一边拉产钳，一边保护会阴接生，有时胎头不正，还要转胎位。印象最深的是，有一次，新生儿刚生下来不哭，我就实施口对口人工呼吸，把污物吸出来。终于听到婴儿嘹亮的哭声时，我也松了一口气，心里很是开心——所有的困难终究都被我们克服了，人虽然很累，但觉得很值得。在七十多天里，我接生了十几个新生儿，他们给灾区百姓带去了希望。

妇科没有接生的时候，我就跟着针灸科的程志成医生学习针灸、推拿。我有时间还会到外科换药，给病人针灸。有些关节酸痛、腰背疼痛的患者，接受针灸、推拿后都收到了很好的疗效。肩部受伤的，针刺曲池、肩井等穴位；胃痛的针刺足三里、中脘等穴位；有些受打击精神错乱的病人，通过针灸后，状况也有所改善。当时的临时医院中药饮片几乎是没有的，针灸、推拿还是发挥了很大作用的。原本我有两张照片，拍的是我在帐篷里面给病人针灸的场景，可惜现在已经丢失了。

在贵州医疗的经历锻炼了我，它要求我们要做一名全科医生，这让我得到很大的提升，为之后的唐山救援打下了很好的医术基础。因此，除妇科疾病之外，其他很多疾病我也都能处理。这让我认识到一个人的能力越大、本事越多，发挥的作用就越大。所以现在的学生呀，一定要多学些知识，多动手，一专多能，紧急时刻会很派用场——我们培养的目标也是如此。

经历了那么大的地震，自杀的人特别多。有个小姑娘，只有十八九岁，听说家里人都死了，自己一个人孤零零的，就想不开了。还有个宫颈癌病人，逃得慢，房子往下砸的时候，她刚走到门口，正好门梁帮她挡了一下，全家只有她侥幸活了下来。她觉得无望，就自杀了。自杀的病人大部分都是喝农药的，送来的时候口吐白沫，我们就用高锰酸钾催吐，阿托品解毒。这些虽是内科的事情，但我们见到了都会自觉地帮忙抢救，病人抢救过来的几率还是很高的。

医患如亲人

那时候人跟人的关系非常融洽，无论是医生之间，还是医患之间，彼此完全信任，互相体谅，就像亲人一样，患者对医生有深深的感激之情。听他们讲地震的亲身经历，谈到伤心处，我们也跟着落泪，心里十分难过。当时全国支援唐山，但医疗条件还是满足不了需求，很多伤病员被转到全国各地。那时通讯还不发达，亲人分散后，很多都不知道自己的家人在哪、是否还活着，全无音讯，生离亦可能会成为死别。我返沪后，还见到有唐山病人转到我们医院救治的。

永生的纪念

我在唐山待了七十多天，却比我在贵州一年都要辛苦得多。离开唐山的时候，组织上给我们发来一盒压缩饼干、一支印有"抗震救灾"字样的圆珠笔作纪念，时间过去太久，很遗憾，笔也已经找不到了。我去的时候还带了些钱，回来的时候原封不动地拿回来了，当时无东西可买，用不上钱。我生活上还学会了自己理发。更重要的是，那段时间带来了许多感悟，是我一辈子的财富。

所思所想所感

一是医生职业的高尚性，救人于垂死之际，给患者亲人般的关怀，是真正救死扶伤的"白衣天使"。我更加热爱自己的职业,并且立志为之奉献一生。

二是作为医生,一定要有过硬的技术,要一专多能,有处理危急重症的能力。只有仁爱的心还不行,疾病面前不能束手无策。如果离开医院,你能做些什么?你有能力去支援大灾难吗?你能发挥多大的作用?这都是我们要思考的问题,也是现在的学生所缺乏的。现在我们有规培政策,希望医学生能好好利用转科学习机会,特别是医学,不能有半点敷衍、马虎。

三是要居安思危,艰苦的条件才能锻炼人,才能体现生命的价值。时代虽然发展好了,但大家不能养尊处优。我们的人生需要锻炼,年轻医生有机会要去基层,去支援边疆。

四是要开阔眼界,增进知识,保持豁达的人生态度。经历了那次救援,我深感生命很脆弱,生死都只在一瞬间,名、利又何必去计较?没有了生命,什么都是浮云。生死面前,又还有什么过不去的槛、解不开的恩怨呢?平淡的亲情才是最珍贵的。

天人相应

最后就是我在中医方面的感悟。当时伤员中有一名历史老师,他向我详细地描述了地震的过程,他讲唐山地震那天,先出现了明亮的地光,接着地面就开始震动,这个震动是上下震,房屋被抖得结构都松了,那时损失还不是很严重。然后天开始下大雨。当地的房屋还不是钢筋混凝土结构,大部分都是用土和砖块堆砌成的,被大雨冲刷浸透后,结构就更不牢固了。凌晨天冷,地震时人们穿着背心短裤跑出去了,这时很多人见不震了,就回去拿衣服、拿贵重东西,突然又开始左右震动,这次震动很厉害,房屋直接就坍塌了,拿东西的人都没能从屋里出来,伤亡大部分都发生在这时候。

我们中医常常讲天人相应,我听完他讲的,就想到子宫肌瘤、巧克力囊肿等常见妇科病,这是难治病,发作起来很疼痛,我们中医管这个叫"癥瘕"。唐山地震启发我,治疗这个病,一定要大剂量使用破瘀散结药,也就相当于地震的震动,桂枝茯苓丸是治"癥瘕"的常用方,这些力道肯定是不够的,要用三棱、莪术、水蛭、地鳖虫这类药物；另外还需要软坚散结的药，相当于地震时下雨的作用，把这个积块软化了，才能更好地发挥涤荡破瘀的功效，这时候我会用夏枯草、象贝、皂角刺等；最后再加利水活血的药，比如茯苓、泽泻、益母草、泽兰，《金匮要略》里提到"血不利则为水"，这个病瘀滞日久，加这些药物，邪就有了出路，还能增加活血之力。这些方法是治标的，我认为还需要治本，扶助正气，也就是西医说的调节免疫。我把想法应用到临床上，效果还是不错的。经过思考和临床实践，我总结经验，提出了"补肾祛瘀法"治疗妇科疾病，还因此获得了国家自然基金课题。世事洞明皆学问，看到了东西，我们要思考、琢磨，不能走马看花，过了就忘了。

后记

转眼40年过去了，当时没有相机，所以没留下什么照片，很多具体的事例也都已经记不清了，从唐山回来后，我就立刻开始日常的工作了，也没想到还能有人想起我们。这段经历虽然艰苦、平淡，却是我永生的回忆。

抗震一线的新娘子

——朱凤仙口述

口 述 者：朱凤仙

采 访 者：李　莉（上海中医药大学附属曙光医院人力资源部科员）

　　　　　朱文轶（上海中医药大学附属曙光医院人力资源部科员）

时　　间：2016 年 1 月 20 日

地　　点：沪闵路 8390 号 3 号楼 1908 室

朱凤仙，1950年生。主管技师。1970年7月参加工作。1983年加入中国共产党。1985年被评为中医学院优秀党员。1972年进入曙光医院麻醉科针麻组工作，2005年退休。1976年10月至1977年7月在河北省唐山市第二抗震医院工作。

1976年10月，我刚刚结婚不久。当时我在做麻醉，其实我们也有很重要的事，就是筹备全上海的针麻会展，当时的题目是乃若彤对针筒效应的影响。那是全市的会展，我们曙光医院有三名医生参加，上医大有两名，华东师范大学有三名，药物所的也有一名。十月份的时候，会展已经临近尾声。虽然之后像总结、分析之类的工作也很重要，但我还是想锻炼一下，就报名去唐山救援。他们说"你现在放弃蛮可惜的"。但我想我也是小青年嘛，想锻炼一下，他们后来考虑到会展已经到了最后阶段，就让我参加了医疗队，是第三批。因为前面的医疗队已经把最艰苦的事情做完了，还建立了一个抗震医院，我们去的时候还有了第二抗震医院，条件相比而言已经好多了，虽然环境还是很简陋，但我很满足，因为他们睡在飞机场的时候，我们已经有了床铺可以睡了，而且有间简易的房子。我不怕吃苦，就怕没事干，所以我就主动报名去，不是医院通知我去的。当然不排除一些高年资的医生、护士是被指定去的，我们年轻人都是主动要求去的。

因为新婚的原因，所以先生一开始也不同意，但是也没有用。他觉得我这个人什么都好，就是在工作方面太投入，很少有时间和精力顾家。他喜欢我像小鸟依人，但我偏偏就不是这样的。我说我们这一辈子已经给耽误了。为什么？我在该读书的时候没读成，插队落户去了；如果不是这样的话，也许现在就在上大学——所以现在有这个锻炼的机会，我不想失去，我也想去感受一下唐山地震到底是怎么样的……我就是怀着这样的心情去报名的，他也没办法了，说"你去吧"。走的时候他跟我吵了一架，吵得好凶，我不理他就上了车，当时也是年轻气盛啊。

我们首先到的是天津，那里有个交通饭店。他们说"你是新娘子，你要在这里请我们喝喜酒"，于是我就在交通饭店请了一桌……下午乘火车到了唐山，看到的房子到处都是裂缝，甚至很多地方房子都是倒塌的，一塌糊涂。我当时还在纳闷他们第一批是怎么安顿下来的。我们还好，有简易的病房以及手术室，还有很多我的同学……

到了唐山那边我主要协助医生把事情都理顺。在唐山，像我这种年纪轻的人可以得到很多锻炼，做很多手术。我在护理部毕业以后做了很多事，他们说我应该是搞科研的，因为我做事很认真的，我就这样作为护理部的人到了唐山。我打静脉针很厉害的，包括手指的静脉针。我在唐山的时候，五点多钟就起床打针、输液，能做多少做多少。我还到外科病房里帮忙，顺便学东西。他们都对我很好。我一个朋友在龙华医院做护士长，但是那边的小青年都不服她，后来领导让我去协助她，我就告诉她该怎么做，帮助她把病房全工作重新安排好，过了一段时间，他们都服了，为什么呢？因为我们什么事情都做在前面，他们无话可说。

病房里的床单很脏，全是虱子。我们刚去的小青年身上全是虱子，绒线衫上也都是，他们有的被吓哭了。我是无所谓的，自己注意点就好了，但我还是向护士长提出要把病床搞得好一点。怎么搞呢？我们既没有卫生员，也没有地方洗东西，虽然有水，但气温在摄氏零下二十多度，很冷的，衣服放下去马上就结冰了，这么冷的天怎么洗啊？最后还是决定，洗！——为了他们，也为了我们自己。没有热水，全部都是冷水，一开始水龙头都是冰住的，我们用热水才浇开来。一洗就是几十条被单，我们的手都生了冻疮，就是这样子的，没有办法，毕竟这是我们的责任啊。我们虽然不能像医生那样开刀，但我们都在尽力做好自己能够做的。年轻的护士们都很服帖。后来我们护士长说："小朱啊，我们真不该放你走。如果让你管一个病房，你肯定管得很好。"我说："你这句话是对的，我肯定管得非常好。"因为我这个人责任心是相当重的，我不管其他的事情，就保证我的工作做得好之又好，这是我的习惯。所以我们针麻组会出那么多课题和成绩。我当时在唐山就是日日夜夜地工作的，就这样过了九个月。

记得有一次余震来了，五点几级，我们都已经睡下了。我发现床在摇，还听见岳阳医院的人大叫着"啪"的一声都冲出去了。我们宿舍里没什么太大的动静，有名内科医生吓得钻到床底下。我不知道病房怎么样了，就马上穿衣服，跑到病房里查看。病房里的药柜全部都翻掉了，有的病人心脏病发作，有些病人拔了盐水针就逃了——都被吓到了。我们就安抚病人，再把药柜整理好。安抚病人很重要的呀，我说"我们都在这里，你们有什么事情就说"。就这样，一晚上过去了……总算太平。

后来有很多做甲状腺手术的病人，他们需要很好的护理。在我们的关照下，他们心情会慢慢好一点。当初我们外科还有一个江国雄医生，也是和我们一起去的，他人也很好的，很负责，倾注全部精力努力做事，他是泌尿科医生。

说到生活方面，刚刚去的时候，米很好，米饭很好吃。还吃窝窝头，这东西好吃。有人拿两个，但吃不完，我告诉他们不要浪费，因为当地人会伤心的，我们要尊重别人的劳动，拿了就吃掉。我觉得最好吃的是高粱小米粥，很糯很好吃，我可以一盒子都吃完，从来没有扔掉过，拿来就全部都吃。但是由于我们没有地窖，拿来的卷心菜都是烂的，后面好一些日子都吃这样的菜，没有肉，肉就吃过一两次，是解放军买的。一开始不能洗澡，后来通过关系一个星期洗一次，但是也不好意思去多洗。

九个月就这样结束了，他们全部都走了，我们几个留守在那边。他们到上海的时候受到了很热烈的欢迎，最后，领导还到火车站来接我们几个。但是这些都无所谓，就是任务完成了，我们很开心。我们后面还有一批也待了九个月，本来我们应该待一年，是最后一批，因为手术病人太多了，后来又增加了一批，我们就缩短到九个月，提前回来了。

隔了40年，我没有和唐山以前的病人联系，以前也没有电话，我不大给病人电话，病人来我就认真、负责地给他们解决问题。

现在回想起来，其实在那边遇到的事情对我一生都是很有帮助的，为什么呢？第一，一个人工作的责任心始终是很重要的，我们给病人一些安慰，能了解到病人的情况，他们心里会感受到正能量，我们自己会很有成就感。第二，我碰到了以前没碰过的病例，就是破伤风的病人角弓反张，虽然我到针麻组后更加碰不到这样的病例了，但是从此我就知道破伤风病人该怎么处理，以前只知道打个破伤风针就好了，但根本不知道打破伤风静脉是怎么样的，现在都知道了。理论结合实际，我学到很多东西。第三，我得到了锻炼，不怕吃苦。在地震中死掉的人本来是就地埋的，后来都要统一搬离到公墓里去，遭难的人太多了，整个城市臭得不得了。桌子上全部都是苍蝇，墨黑一片，饭盒不能打开的，打开里面全是大头苍蝇，我以前从来没见到过，但就在这个地方看到了。

九个月里，我们不能回家的，期间，半当中听说可以考大学了，但是我们没有机会了，当时那一下我是真的颤抖了。考大学在7月份，我7月2号才刚到上海，也没办法报名。我觉得失掉这个机会，损失太大了。不管怎么样，我都可以去试试，因为我们都是知识青年嘛，我妈也一心叫我去考大学，成功也罢不成功也罢，都应该去试试，虽然不管能不能成功，我都在医院工作，但是读大学的知识面可以大一点。我错过了这个机会，只能说很遗憾，但是没有后悔去唐山。

我很愧对我的家，当时没有顾家，我没时间，也没意识，只知道做事情，包括家务我都不大会做。那次唐山大地震的救援工作，虽然过去了40年，但现在回想起来，那次经历对我个人业务上的能力有很大的帮助和提高，我见到了很多前所未见的疾病，从理论到实践都有了全面的提升，我很感谢人生中的这段宝贵的经历。

唐山救援的忧与乐

——刘福官口述

口 述 者：刘福官

采 访 者：江　云（上海中医药大学附属曙光医院人力资源部副主任）

朱文轶（上海中医药大学附属曙光医院人力资源部科员）

时　间：2016 年 1 月 25 日

地　点：上海中医药大学附属曙光医院西院门诊 6 楼

刘福官，1948年生。1973年9月参加工作。主任医师，曾担任曙光医院耳鼻咽喉科主任。1976年赴唐山参加唐山大地震医疗救援工作，为曙光医院第三批赴唐山医疗队队长。

1976年是一个不平常的年份，周恩来、朱德、毛泽东三位伟人去世；同年10月，党中央一举粉碎了臭名昭著的"四人帮"。同样震惊世界的，还有发生在那一年7月28日凌晨的唐山大地震，它几乎毁灭了整个唐山市。1976年9月底，我作为第三批赴唐山抗震救灾医疗队员，带着上海人民的嘱托，告别了同事、亲人和刚刚十个月大的儿子，赴唐山灾区。记得当大客车把我们从唐山林西矿古冶车站接到当时的医疗点——林西矿广场的简易帐篷时，已是下午。简单的交接仪式后，我还没有听明白该咋办、住什么地方、行李放哪儿，就有人来说："有病人来看病，哪位医生去……"我们还愣着，以为应该有"值班医生去……"匆忙中，我们便真正开始了抗震救灾的医疗工作。

过"三关"

　　来到唐山，首先要过地震关。我们每个医疗队员来唐山是抗震救灾的，但什么是地震，地震的威力有多大，会造成什么样的破坏，来唐山之前仅从书上学过。我知道中国古代有一位科学家叫张衡，发明了地动仪，据说可预测地震发生的方位，但这种认识只停留在书本上。来到灾区，我目睹整个唐山市被破坏的景象：道路开裂，桥梁倒塌，房屋毁坏和大量人员的伤亡，方知地震是什么。虽说那时余震经常发生，我们所遇到的真正有破坏力的7级左右的余震有两次：一次是1976年11月初，发生在晚上9时左右，我们正在宿舍中唠家常，突然有人说："地震了！"我们随即看抗震房梁是不是会塌下来。只见房梁在无规律地扭动，不时发出"吱吱"声。不知什么时候地震停了，有人看表，发现地震持续四十多秒。这时屋外传来惊吓声，我们出去一看，有几位女士只穿着睡衣裤站在屋外寒风中，冻得直哆嗦。那天晚上气温在摄氏零下十几度。半小时以后，医院一下子来了四十多位伤员，都是一些因余震吓坏了在慌乱中摔伤的人。第二次是在1977年的3月。我们当时正在参观现代化采煤作业区，据说是国内最先进的、从国外进口的全自动作业器械。我们正行进在巷道中，只听到"轰隆隆"一声巨响。我们都惊觉地脱口而出"地震了！"但陪同我们的矿领导却轻描淡写地说："不是的。是煤矿车相撞发出的声音。没事的。"但同时却加快了行进的速度。等我们下午3点回到队部时，值班的同事告知，中午他们在空地上打羽毛球，只觉得地面像波浪一样起伏运动，人都站不住，一想到我们都在矿井下，真不知咋办，会不会有事。看到我们回队，许多人都问一句话："都回来了？"我们很奇怪。当大家告诉我们中午又发生了强烈的地震时，想起矿下的那一个巨响，好险！那次到矿下的人员成了第一批也是最后一批的下矿参观者，毕竟下次地震会在什么时候发生尚有许多不可知性。当然我们比起那些采"黑金"的工人不知要安全多少！随着时间的过去，我们都慢慢习惯了大震三六九、小震日日有的日子，也真正了解了地震的"内涵"。

到唐山灾区后的第二关是生活关。灾区断电、断水、通信不畅、交通不便的情况，到我们第三批医疗队去的时候已有所恢复，不过因余震不断，断电、断水等还时有发生。每当晚上断电时，漆黑一片，病房中仅靠几只大马灯、手电以及火烛照明。宿舍中则只有火烛，还需非常小心，不能多点，因为一是要防火，据说曾有一家兄弟医院一宿舍发生火灾，七间房在八分钟内迅即化为灰烬！二是要节约，因为下次还要用。好在大家在一起，光线不亮，黑暗中闲聊也颇有趣。生活中缺水，牙不能刷，脸不能洗，洗澡更不用想。幸好大家有准备，一一都熬过来了。不过有一件事却是有口难言。尽管当时领导非常照顾我们，尽量多给大米，少搭配杂粮如小米、高粱、玉米等，不过小米粥大家只能喝半碗（尽管大家都很喜欢），因为下半碗中沙石太多直损牙；高粱米很黏，玉米窝窝头很好看，金黄金黄的，但是一旦冷了硬如石块；而整个冬天的菜大部分是咖喱土豆块和大白菜，和高粱米饭一起吃，日子久了是"易进难出"。久而久之，大家对咖喱土豆产生了抵抗，一个冬季下来，我们真正体会到了"后门"之难，都觉得火辣辣的。到了1977年3月，我们把剩下的大白菜喂猪时，猪都不愿吃，拱几下就走了！

第三关是医疗关。虽说离开上海时，大家有准备：即便条件艰苦，还不是一样开处方拿药治病？！但是到了之后才知道，除了我们自己带的药品、器械，唐山几乎什么都没有，因为开滦煤矿总医院在地震中几乎全毁了，医疗人员伤亡严重。我们在自然光下看病，在帐篷中做针拨白内障手术，在太阳光下拔龋齿，在病房地铺上为病人做气管切开术，在简易手术室中为外伤病员接骨、清创，克服了一个又一个在上海时难以想象的困难，努力工作，用我们每一份力量，减轻唐山人民的痛苦。记得有一次抢救一个四月大的患儿，我们集中了医疗队中的儿科、外科、呼吸科、耳鼻喉科的大夫进行会诊，讨论救治方案。患儿得的是抱着能呼吸、放下即发生呼吸不畅、继而面色青紫的"怪病"，由于患儿母亲不能讲清病史，大家心里急，又无从下手。我跟在李主任身后，听他分析病情，在基本确定患儿无先天性疾病的可能后，李主任决定给患儿做喉、食管镜检查，以排除最常见的异物梗阻的可能。当麻醉喉镜轻抬起环状软骨时，见食管第一狭窄有一淡红色、略硬的物体。李主任用异物钳轻轻取出后一看，原来是一粒硕大的花生米，可能是误吃了四岁大的姐姐吃的花生米。患儿顿时呼吸通畅。那时已是第二天凌晨两点了。看着患儿母亲千恩万谢，大家都有一份战胜困难后的喜悦，疲劳也顿时减轻了许多。在整整九个月的工作中，这样夜以继日工作的日子不知有多少。我们常听到灾区人民说这样一句话："你们上海大夫说咋办就咋办。"这是对我们医疗队员莫大的信任，也是对努力工作最好的回报。

向解放军学习，为灾区人民服务

第二抗震医院是由上海中医药大学的前身——上海中医学院的三所附属医院和第二军医大学两所附属医院的医疗队组建的。在当时的条件下，解放军的工作作风，给我留下很深的印象。刚到唐山时，抗震医院正在规划，我们只能在帐篷中工作。我接待的第一位病员咽喉疼痛。我习惯地拿起额镜开灯做检查，可要电没电，要灯没灯，正一筹莫展时，长海医院的李兆基主任就把病人请到帐篷边缘，娴熟地用自然光拿额镜进行检查，非常麻利地处理好病员，他这种无声的行动深深地教育了我：解放军的作风是看得到、摸得着的，就在身边。我默默地记住了一条宗旨：一定要好好工作，为唐山的重建、为灾区人民的健康作贡献。由于当时生活水平不高，卫生条件差，来医疗队的患者，患牙龈脓肿、严重龋者不少，但我们队中没有口腔科医生；为了解除他们的痛苦，我和上海的医院联系，请求领导寄去有关口腔疾患治疗的专业书刊，我一边学习，一边治病。据记录，我们光拔龋齿就有一千多颗。看到当地儿童患唇裂较多，在李兆基主任的支持下，我开展唇裂矫治修补术，先后为四十多位患儿成功地进行手术。我们手术室的护士开玩笑地称我为"豁嘴刘"。灾区的老年人中，白内障患者不少，我就当朱炜敏医师的助手，一起进行针拔白内障手术。那时我、朱医师和二军大的两位主任，既要看门诊，又要管二十多张病床，常常是吃了中饭做手术，做好手术看门诊，晚饭之后再要手术，晚上还要看急诊。工作辛苦自然不用说，但苦中也有乐，尤其是病人康复出院说一声"谢谢上海大夫"时，我们心中充满了喜悦。

当我们在援建唐山的上海第七建筑公司领导的支持下，到他们的基地洗了去唐山后的第一次澡时，我们真像是过节一样高兴。而每当有上海家乡来的慰问团来慰问时，大家都欣欣鼓舞，慰问团带去了上海人民的问候、医院领导的关怀以及许许多多的生活用品。虽说当时的副食品不充裕，要计划供应，但是亲人们还是想尽办法多买一点、多寄一点给我们；不过，更多、更主要的是支援灾区人民的医疗用品。

花果山

当时灾区都是震后留下的断壁残垣，因为我们处在煤矿区，地上到处可以见到碎散的煤块，就是流淌的溪水也染上了黑色。到了冬天，我们在抗震房中靠简易的"地炉子"烧煤泥取暖，那是用砖垒的，其下向外开有一方口，其后上部约离地面一米高接火墙，然后在屋外有一烟囱管。唐山的冬天要比上海冷很多，记得最冷的一天是摄氏零下十九度。冬季每一处屋外均有几个不断冒黑烟的烟囱，走在路上抬头望天空，晴天黑蒙蒙，阴天蒙蒙黑。我们喜欢穿的白衬衫，不到一小时就"领、袖"全黑。虽说当时事实是这样，但不能随便讲。

最值得我们回忆的是在矿区前面隔马路相望的一处小山坡上，有一片不大的果园，约有十几亩，我们医疗队员喜欢称它为"花果山"。尤在第二年春天来临时，果树萌芽、长叶、开花，成了我们的休闲乐园。城市中长大的医疗队员，对花果山的果树究竟是什么树，有一种向往。大家众说纷纭，尤其是那一群护士小姐，叽叽喳喳，这个说要是桃树，桃花粉红一片，很是美；那个说如果是梨树，梨花一片白，洁白无瑕。大家都盼望着谜底揭开的那一刻。随着春天的到来，果树终于露出了它真实的面貌——是粉红的桃花。花蕾逐渐萌发，随之长出几片绿叶，真像人间仙境、世外桃源。这是唐山人民给我们的奖励！记得当时我们队里的几位年龄较长的医师，他们喜欢早起，常在天刚亮时就三三两两地来到花果山，在树丛中漫步，呼吸真正的新鲜空气。而当我们这些年轻人匆匆来到时，他们往往要离开了。不知不觉中，园中始终保持着不多不少的人流。有时我们实在起得太晚，就会在中午或晚上去一次。去花果山游园、赏花，是繁忙工作之余最美好的享受。每天我们碰面或吃早餐、午餐时，都会问候一声对方："花果山去过了吗？"花果山是一片洁净的果园，是唐山人民重建家园的希望，也是我们医疗队的乐土！

那些"最"

最特别、最欢乐的是春节。1977年的春节，我们是在远离家乡的灾区、抗震救灾房内过的。医院的同事聚集在一起，吃着最简单的食品，却都说着欢乐的故事。令人难以忘却的是儿科王志源医生说的"奶奶"叫法。苏州吴语称"好婆"，说话时人略向前倾，轻声细语，最有亲切感；上海浦东本地人则叫"阿奶"，那是短音，干脆，头略向前，表示间接亲热；北方叫"奶奶"是拖着长长的尾音，似乎二者有着千丝万缕的联系；宁波人称呼"阿娘"是头向后，提声而出，那是因为宁波人吃太多咸鱼咸蟹所致。几声奶奶讲得大家欢乐无限，使我们在异乡享受了一顿文化大餐。

最记不起的是休假日。抗震救灾工作，从一下车到居住地开始，每一位救灾队员都牢记着家乡人民的嘱托，努力工作，从不计较有没有休息。不论昼夜，只要是为唐山灾区的伤病员服务，大家都细心诊疗。一般情况下，如坚持1—2周，可能大家都能做到，但要持续九月余，二百七十多个日子，我想能忘我地工作，应是难能可贵的。我最记不得的就是自己的休息天。

最盼望的事。在灾区工作忙碌，生活艰苦，我心里早有准备，虽说当地有关部门对我们医疗队照顾有加，但毕竟物资有限。好在大家的心里是充实的，心情是快乐的，因为我们的背后，有着家乡亲人的支持和组织的关怀。日子久了，大家还是盼望着组织和家乡亲人慰问团的到来。因为他们可以为我们带来亲人的问候，同时还将带来可贵的副食品。那时买肉还要肉票，因此即使是一小块肉，两三包卷子面，也是很贵重的物品。

最高兴的事。救灾工作夜以继日，病人一拨又一拨，虽然辛苦，可高兴的事还真不少，我们还逐渐学会找乐子，以丰富我们的业余生活，如讲个笑话、猜个谜语等等。要说最高兴的事，莫过于看好一个伤病员、做好一个手术后，病人康复离院时说的一句"谢谢上海大夫"，我们听到之后心里甜甜的。

最伟大的力量。我们刚来到灾区看到处处都是倒塌的厂房、民居和开裂了的公路，着实感到了地震的破坏力；在接着经受了两次较大余震后，感受更深，地震时地动山摇，人站在地上犹如在船上一般摇晃——但更感受到中国共产党的力量和党领导下的人的力量，战胜困难，重建家园的力量更强大。当1977年春天来临时，我们的国家在中国共产党的领导下，也迎来了一个时代的春天。

唐山大地震过去40年了，40年的历史仿佛只在一瞬间。40年前的抗震救灾工作历历在目，九个月的工作磨练了我。每当回忆起当时的情景，我感到有一种力量、一种精神在激励着我们每个参加抗震救灾的医护人员。

九个月后，我回到了上海亲人身边，看到已学会走路、学会说话的儿子，我感慨万端。当我的儿子看到他妈妈指着照片告诉他这是爸爸时，他却看着站在他面前的这个陌生男人，迟迟不肯开口；足足相视了大约五分钟，在他妈妈的催促下，他才小声地叫了声"爸爸"。一声爸爸，叫得我热泪盈眶。

九个月的磨练，我收获的精神财富是难以量计的，它使我在以后的工作中一直受益。

想唐山

——邹月娟口述

口 述 者：邹月娟

采 访 者：刘　胜（上海中医药大学附属龙华医院党委书记）

虞　伟（上海中医药大学附属龙华医院人事处副处长）

王腾腾（上海中医药大学龙华临床医学院住院医师规范化培训医师）

李颖飞（上海中医药大学龙华临床医学院住院医师规范化培训医师）

时　　间：2016 年 3 月 17 月

地　　点：龙华医院行政楼 9 楼人力资源部办公室

邹月娟，1954年生，主管护师。1973年毕业于龙华医院卫校，留
校工作至今，在护理部、医务处等岗位从事护理等医疗工作。
1976年参加唐山抗震救灾。曾获龙华医院女性十大优秀品质奖、
医院先进个人等称号。

1976年唐山地震发生后，上海立刻派出了一支抗震救灾抢险队奔赴灾区。1976年9月9日，毛主席逝世，我因为刺绣技艺较高，被龙华医院选中，为龙华医院向毛主席敬献的花圈绣一副挽联。接到任务后，我夜以继日地工作，反复与院方沟通，终于完成了任务。追悼会那天，挽联被送去人民广场。毛主席去世了，我们这些深受革命教育的年轻一代感到很茫然，但是想到国家那么强大，肯定会有人来挑起大梁的，大家又对祖国的未来充满了信心。当时那种民族自信心和自豪感，是这个时代所难以比拟的。当时我刚刚工作三年，作为一名受过党和国家教育的年轻人，已经做好了去抗震前线支援的心理准备。

紧接着，第二批医疗队的报名开始了，我豪不犹豫地报了名。经过两周的准备，我带着被服、医疗用品，和队友们踏上了直达唐山的列车，它载着上海几百名医疗支援队员，被誉为"红色专车"。火车在早晨七八点钟到达天津杨村火车站，由于铁路轨道受到地震的破坏，医疗队改坐大巴，根据不同的任务分工，各分队前往各自的目的地。一路颠簸十个小时，龙华医疗队到达了林西广场。那里的房屋完全遭到了破坏，城市一片狼藉，解放军战士还在挖掘尸体。大巴车里气氛沉闷，大家心情沉重，但是更坚定了开展救援工作的决心。

晚上八点，我们终于到达了驻地，紧接着，大巴车将第一批救援队成员接走了，他们将返沪。当时援建工作刚刚展开，医院并无屋舍，大家就住在部队扎好的帐篷内，每顶帐篷住六到七个人。灾后又下起了暴雨，天气恶劣，积水可达膝盖，医院的病房也是用帐篷搭建的。在11月底，简易的抗震房建好了：泥做墙，木条做窗，塑料布代替玻璃，房顶是用木头支起来的。余震不断，房顶"吱扭"作响，令人心有余悸。医院建好之前，食物主要是飞机运来的罐头和压缩饼干，一天三顿都吃这些；医院建好之后有了食堂，不过也只有卷心菜、黄芽菜和粉丝，而且当时天气寒冷，又无地窖，露天放置的蔬菜被冻坏了，煮好之后是粉红色的，看起来很诡异。至今，每逢吃到这两味菜时，我眼前仍然能浮现出当时艰苦的工作经历。

当时除了医疗队，上海还有援建工程市建七公司队在附近搭建临时住房，老乡见面，分外亲切，我们白天忙工作，晚上经常三五人一起走到工地找老乡聊天。年轻女孩子走在漆黑的夜路上，空中飘着萤火虫，再想到周围掩埋着的

1977年2月14日，邹月娟在唐山公园留影

尸体，她们被吓得毛骨悚然。

在刚刚建立的抗震二院里，龙华、岳阳、曙光三家医院的医疗队一起建了四个病房，每个病房有70张床。他们和第二军医大、妇婴保健院的同事共同保障医疗工作的正常运行。由于情况特殊，分科、分工都不再那么细致了，大家做了一张简单的值班职责表后，随即开始工作。骨伤科人员还带了外用膏药及小夹板，充分发挥了中医药治疗特色。全国各省的支援队中，好像只有上海医疗队留守到了最后。所以当地老乡对上海医疗队员态度很好，印象极佳，十分感谢上海的同志。毛主席虽然已经逝世，但是老百姓还是觉得我们是毛主席派去的医疗救助队，精神受到很大的鼓舞。条件艰苦，但是为了照顾上海医疗队的饮食习惯，灾区来了大米会首先供应给抗震医院。

春节前夕，上海政府允许队员们将所需物品列个清单送回上海家中，并帮忙带东西到唐山过年。我也给家里写了一封信，家里寄来了玉米，还用肉丝、大豆、笋丁炒了辣酱给我。春节那天，我们在办公室搭了一张长桌，大家把家里寄来的东西放在一起，每人买了份水果，并提前嘱咐餐厅帮忙做了几个菜，男同志又去买了两瓶二锅头。洪嘉禾老师有一副好嗓子，唱了首歌，我也唱了一首《手拿碟儿敲起来》——就这样，大家热热闹闹地吃了一顿团圆饭。

唐山市也召集医疗队代表，组织了市政府的慰问宴，我作为护理负责同志，和洪嘉禾老师、张静喆老师一起出席了。领导发表新年致辞，并对大家表示感谢。饭后，我们去唐山公园散步，当时公园里尚有座亭子没被毁掉，至今我还留着一张穿着棉衣、棉帽的照片。

春节后，每个人都有一个星期的假期，我们轮流休假去了北戴河、北京参观，当时没有条件住宾馆，我就住在亲戚家。为了体验开滦煤矿工人的生活，我也下了矿井，罐笼下降的过程中，煤灰纷飞，煤渣扑打到了脸上。等爬过巷道从另一个口出来的时候，地面上的同事才说刚才有余震，我这才知道煤矿工人工作的艰辛。

次年6月，医疗队要回上海了，我继续留任，以便与第三批医疗队做好交接工作。我在6月26号得以返沪，至此，第二批唐山救援医疗队正式完成使命。

谈到那个特殊的年代对自己的影响，我感觉最大的遗憾就是没有好好读书，工作之后的补习虽然受过陈湘君等老一辈专家的鼓励，但需要协调工作、家庭的关系，远远不能弥补年轻时的遗憾。所以，我经常鼓励年轻人有机会多学习、多读书，勇于担负国家使命。

如今，除了一些照片，我和唐山已经没有什么联系了，唯一在当时用过的脸盆，也在2007年扔掉了。绣挽联、支援队的事迹，我也从未和外人提起。在我看来，国家有难，援助抗震是我义不容辞的责任，没有想过其他。当时父亲身体不好，患有多年的老慢支，但我从没想过这可以是推卸责任的借口。这次采访后，我很想回唐山看看。

外科医生勤动手

——张静喆口述

口 述 者：张静喆

采 访 者：刘　胜（上海中医药大学附属龙华医院党委书记）

　　　　　虞　伟（上海中医药大学附属龙华医院人事处副处长）

　　　　　王腾腾（上海中医药大学龙华临床医学院住院医师规范化培训医师）

　　　　　李颖飞（上海中医药大学龙华临床医学院住院医师规范化培训医师）

时　　间：2016年3月18月

地　　点：龙华医院普外科主任办公室

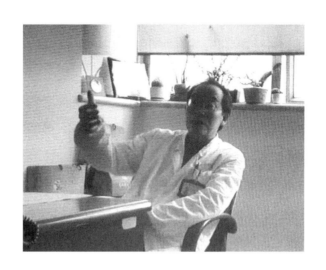

张静喆，主任医师，教授，博士生导师。现任上海中医药大学附属龙华医院胆道外科主任，上海中医药大学、上海市中医药研究院中医外科研究所副所长。兼任中国中西医结合学会普外专业委员会副主任委员，上海中西医结合学会理事、外科专业委员会主任委员，上海市胆道疾病会诊中心专家等职。

40年前，我以上海中医药大学第三批救援队队员的身份赴唐山参加救援工作，为当地灾后重建、人民身体健康奉献力量。

当时正值"四人帮"倒台、"文化大革命"将要结束之时，国内政治十分动荡，经济也处于停滞不前甚至下滑阶段，人们内心多多少少隐藏着恐惧和不安的情绪。但在唐山大地震这样的大灾大难面前，医务人员还是充分发挥了人道主义精神，积极救死扶伤，不怕艰苦，奋勇向前，为当地病患早日康复带去希望。当时我在奉贤带教，接到老师和医院的通知后，跟随老师，没什么杂念就前赴唐山了。

我当时刚刚毕业参加工作，应该说是接到医院通知，没几天就匆忙乘专列火车前往受灾地区。在参与救灾过程中，我积极动手，不断学习，兢兢业业，逐步提高了自己的临床操作能力和与病人沟通的技巧。记得，有一个继发性甲状腺功能亢进病人，经过我们外科医生团队的精心诊治，顺利地度过了甲亢现象重疾感染、褥疮愈合等难关，疾病逐渐向愈，病人术后对此非常满意。我们还建立了深厚的友谊，由于对我医术十分信任和满意，她曾几次携家属不远千里到上海随访并登门致谢。

那时往唐山参加救援的有多家医院，比如第二军医大学，还有上海市内其他不少医院的一些救援队。工作时大家经常一起交流，组织会诊，探讨病情，互相学习。在生活上也互相帮助，冬天天气异常寒冷，救治病人做手术、外出上厕所都很受限制，手指经常冻得僵硬，外科医生由于一直用酒精消毒，因此双手多处干裂。刚到北方的南方人也不懂得如何烧水取暖，很不适应。恰巧我作为外科医生较强的动手能力发挥了优势，我帮助大家生火炉、烧开水，为大家解决生活上的困难。而且，我还掌握着不错的厨艺，经常利用闲暇时间给大家改善伙食，做得一手好菜，备受大家欢迎。

参加这次救援，我最大的感受就是积累了大量临床经验，并且在人生观、世界观、价值观上更坚定了作为一名医生救死扶伤、大医精诚、不断学习、医者仁心的精神。

龙华医院、曙光医院派出的医疗队部分队员合影

永不磨灭的经历

——张黎华口述

口　述　者：张黎华

采　访　者：李　莉（上海中医药大学附属曙光医院人力资源部科员）

朱文轶（上海中医药大学附属曙光医院人力资源部科员）

王琪如（上海中医药大学在校生）

江　云（上海中医药大学附属曙光医院人力资源部副主任）

时　　间：2016年9月29日

地　　点：张黎华老师家中

张黎华，1954年生。1973年10月参加工作。曾任曙光医院护理部副主任。1976年赴唐山参加唐山大地震医疗救援工作，为曙光医院第三批赴唐山医疗队队员。

1976年那会儿，我刚从学校毕业，工作资历尚浅的我，在上海中医药大学附属曙光医院工作，是一名工作态度好、服务态度佳、打针技术也不错的小护士。当时我就是每天围着病人做好护理工作，生活节奏不急不缓，平凡安逸。但这样平静的生活，被那次震惊世界的唐山大地震给打破了。

　　当时凭着朴素的阶级热情，党指向哪里，我们就奔向哪里，没有多说一个字，没有一丝怨言。我们收到通知后照常上班下班，和平时没有什么两样，还是要完成在医院的工作。晚上回到家打包起一个背包，第二天我就和医院的同事一起向唐山人民最需要我们的地方行进了。

　　我当时是第一次出远门，第一次坐火车，觉得什么事情都很新鲜。看到路边的景物飞快地向后移动，我心里很激动，但也伴随着些许别离的思念。当时我刚谈恋爱三个月，突然的分离对热恋期的我来说非常难熬。我的恋人非常支持我的工作，鼓励我要克服困难，尽全力帮助灾区人民。此外，他在地震发生三个月后不顾余震危险，千里迢迢从上海赶来唐山震区探望我，虽然只有短短的三天，却让我感动、幸福了一辈子——他给了我无穷的力量，也激励着我不断前行。

　　路上的踌躇满志和渴望为震区人民服务的奋斗的心，在到达震区后被震撼了！当时我年纪轻，对很多东西没有概念，包括地震在内。当时有句话说"全世界的灰尘都到这里来了"，可见唐山地震的威力有多大。第一批去的时候条件更艰苦，我们是后几批去的，但条件还是很艰苦。我们住的是震后建起的临时简易房，主要用竹木框搭建，门用塑料布替代，风一吹，"咕咕"地响。房间里设施非常简陋，简单地放了几张木板，上面铺了层稻草，算是我们的床铺。靠近门口的那张床位没有人敢睡，毕竟都是女生嘛，都很害怕。僵持了好一会儿，我指着门口的床位说："我就睡这里吧！"这是很自然的事情，所以我很快就没有顾虑了。

　　我还记得我们吃饭都是站着吃的，这在当时的环境都是很自然的事情，我们没有怨言，就这样坚持下来了。灾区环境是艰苦的，条件也是有限的，这些都曾被我们预想到，所以真正身处其中时，反倒觉得没有关系了。夏天的时候太阳直射，又晒又热，蚊子嗡嗡乱飞，我们不胜其扰。冬天的时候，寒风直

张黎华在地震废墟前

往简易棚里灌，"哗哗"作响。没日没夜的狂风怒吼着塑料布门，没有片刻安宁。我要是轮到夜班，整晚都能听到怒吼的风和叫嚣着的塑料布；白天补休，人来人往的，门一开一关，休息的确成问题，不过好在那个时候年轻，累了照样睡。

　　我还记得那个时候的骨科病房，有七十多个床位。病房的房子也是简易棚。晚上病房静悄悄的，只有我和唐山当地的一名骨科医生值班。后来查房结束，他也去休息了，只有我一个人看护那么多的病人。因为是第一次，我当时心里的确没底。毕竟以前在上海，医院设备条件要好多了，而且不用一个人一晚上管理那么多的病人，我觉得自己没有经验，心里非常紧张。后来时间一

张黎华在临时病房前

长，自己的经验也增长了，也就不再担心害怕了，毕竟都锻炼出来了。一直到现在，因为有在唐山值夜班的那段经历，我觉得没有什么状况是可怕的了，也没有什么困难是克服不了的。说实话，那时的艰苦，那时不得不面对的磨练，成就了我们这一代人。

我在唐山救灾的第四个月，我们病房的护士长调离到了其他病区。偌大一个病区的护理管理任务，就落在了我一个人的肩上。我当时是边学边干，以身作则，以此带动我们病区整个护理团队。直到回上海，我们护理小组从未出现过护理差错，以零投诉的优异成绩，向党和人民交出了满意的答卷。

我们在唐山待了将近一年，在第二年国庆前接到了回上海的通知。我的身心都接受了抗震救灾的洗礼，这段经历是之后的护理生涯的基石。我从一名主班护士做到带教老师，后又被聘任为护士长，若干年后又被任命为护理部副主任，承担起筹建东院的重任。这一路的成长，都受益于我在唐山抗震救灾期间受到的磨砺。没去唐山之前，我在家挺注重生活质量的，不怎么做家务，生活非常安逸，就如前面所说的。但是去了唐山以及从唐山回来后，我越来越能吃苦。我在进行护理时，生活不能自理的病人，有时候会将排泄物溅到我身上，我可以很自然地先端起一盆温水给他们擦洗。回到上海后，我带教全科护士，亲自示范为中度褥疮病人换药，当用剪子剪除伤口腐败组织时，恶臭冲鼻，我表现得从容利索，这都是当年的唐山经历赐予我的。

我觉得人还是需要有经历的，有了经历，就会从容。唐山抗震救灾是我人生中永不磨灭的、充实的经历，将永远激励我怀揣梦想，勇往直前。

我只想做名好医生

——徐正福口述

口 述 者：徐正福

采 访 者：刘　胜（上海中医药大学附属龙华医院党委书记）

　　　　　周　洁（上海中医药大学附属龙华医院人事处处长）

　　　　　刘　洋（上海中医药大学龙华临床医学院住院医师规范化培训医师）

时　　间：2016年3月7日

地　　点：上海中医药大学附属龙华医院行政楼9楼会议室

徐正福，主任医师。曾任中国上海中西医结合学会理事、中国科技翻译协会会员、上海市微量元素学会会员、英国传统医学会客座教授、加拿大传统医学会高级研究员等职。为龙华医院第四批赴唐山医疗队队员。

当时的情况就像是部队打仗一样，我接到去唐山救援的命令后就直接赶赴现场。很简单，接到任务时我们没有任何考虑与纠结，我们是最后一批去的。组织找我谈话，我从来都没有什么讨价还价的心理，组织说什么就会去做什么。组织任命我是队长，队里年纪比我大的队员也是有的，当时我也只有三十出头，算是年轻吧。只有三天的准备时间，但是要准备的事情有很多啊，不是说要处理个人的事情，而是关于物资准备、人员安排、任务分配等方面的事情，情况紧急，根本来不及都准备好。

　　我们是坐火车出发的，去送我们就只有朋友、同事、亲人。带着亲友的牵挂和党的希望，我们踏上了征程。

　　那时交通不如现在方便，我们先到了天津，中转的时候我们到处看了看，发现天津的房子都裂开来了，我就知道情况很不对劲了。等真正到了唐山，扑鼻而来的就是一股药的味道，入眼所见都是断壁残垣，都是破破烂烂的景象，很惨。

　　刚到唐山时，我听到过这么一件事情：有一支部队，从辽宁开往唐山，经过一座桥，其实桥中心已经裂了，但是部队都不知道，当部队开到桥中心的时候，桥就断了，车子全部掉下去了，死了很多人。

　　我们到唐山的时候，因为前一批医疗队要走，我们来不及休息，就立马投入工作，做好交接班工作后，就立马去处理病人。当时的医疗队不仅仅只有我们中医系统的，还有西医系统的医护人员和我们一起工作。一开始，可能相互之间会有些偏见，但是后来大家一起讨论案例、进行临床分析，我们加深了对彼此的了解，开始团结一心，共同救援。后来，还有当地的医生、部队的医生来抗震医院跟着我们学习。前几年，有一次我在网上看《唐山大地震》电影的记者采访时，突然看到报道里有我的名字，说是唐山的一名医生很感激我对她的指引与教导。她说当年救援的时候，我送过她一本《实用内科学》，这本书陪伴了她很久，并帮助她学到了很多专业知识，我也觉得很欣慰。工作成效什么的就不说了，至少大家都尽心尽力，尽职尽责，没有什么好大喜功，就是无私奉献，没有怨言，救人救命要紧。

　　刚到唐山时，人生地不熟。后来，我们和部队、当地人的关系都挺好了。

有一次，上级突然通知我们连夜前往到北京参观毛主席纪念堂，那个时候大家都是排队进去看毛主席的，我们享受了英雄般的待遇，感觉很光荣。我们医疗队里有名老护士，看到毛主席的遗像时，哭得都晕过去了——确实，我们这一辈人对毛主席的感情还是很深的。

我们住的地方是一整间屋子，中间用芦席隔开来，一边是女宿舍，一边是男宿舍，生活环境还是很简陋的。我们去的时候还有余震，因为从来没有体验过地震，吃饭的时候感觉到桌子和房子都在摇，其实心里很慌张——毕竟这是要命的事情啊。但是听当地老百姓说：真正大地震的时候，你是逃也逃不掉的。可能是地心引力变化的关系吧，人跑不起来，会被颠翻掉。当我听到这番言论的时候，我的心反而定下来了，反正地震来了逃也逃不掉，死就死了，听天由命吧。这是一个过程，刚开始知道有余震的时候很紧张，慢慢地也就安定下来了，安心救人更重要。

那边最好的食物是小米粥。还有一种叫烙饼的食物，就是把面粉放在锅里摊一摊，一点油都没有的。还有就是窝窝头，当地人就着凉水吃，窝窝头冷掉的话会变得很硬，吃也吃不下去。食物都没有油，也没有盐和糖。我们医疗队每个人在那边都拉肚子，拉个十几天，也坚持上班。喝了杨梅烧酒后，大家也就慢慢好了。生活真的很艰苦，没有吃的，环境恶劣，我作为队长，想尽量改善大家的生活条件。当时，因为穷嘛，还是有坏人的，他们会翻墙偷东西。那时候护士都还是小姑娘，也很害怕的。我们大男人就担当起保护的角色。我每晚都会去每个队员的宿舍转转，生怕出什么事情。破财也就算了，人的安全最重要。大家千里迢迢来到唐山也是不容易的，一定要团结一心，大家共同奋斗，所以我们队员之间的关系都很好。

过年了，虽然当时条件很苦，连青菜都没有，但是大家还是想要吃点鱼、吃点肉的，因为和当地人关系比较好，我们买到了一些菜改善伙食。在那么差的环境下，我们还是很热闹地过了年，唱歌啊，表演啊，都有。当时的生活是很枯燥的，有空的时候，我们还组织了一些参观活动，比如说去东陵、北戴河、穷棒子社等地方参观。

全国的大部分医疗队都撤了后，我们还留在唐山，算是留守医疗队。等到重伤病人病情都稳定了，只剩下常规病人了，我们才离开唐山。其他医疗队有待一两个礼拜的，也有待一个月的，我们医疗队待的时间最长，长达八个半月。我们回来以后也没有什么报告会、庆功会之类的，当时的想法和现在真的不一样，好像去唐山就是我们应该做的一样，没有任何私心，即使有困难，都是自己解决，家人也都很支持我们。回沪后，我们就直接上班了，继续之前的生活。

虽然这段经历很苦，但是它对我的精神层面和人际关系有着很深远的影响。大家共同生活了八个半月，虽然很艰苦，但彼此都像家人一样了，我很珍惜这段时光。即使回上海了以后，大家的关系也很好。

其实，在唐山救援的时候，我们真的克服了很多困难。像我自己，从来没有跟组织领导提出过困难，那时，我爸爸得了重病，但我是队长，我不能请假啊。当我从唐山回上海的时候，我爸爸去世了，我心里很难受。当时在唐山的开销也是很大的，没有东西吃，我们会让上海的家人带一些大米来，家里的开销也会很大，我们并没有什么补贴，都是自己出钱的，也没有向组织提出要补助。现在想想，当时人的境界和现在真的不好比的，遇到困苦都自己解决。

当时救援时，没有很好的经验，也没有很好的设备，我们靠的就是双手，用"望、闻、问、切"来解决问题。当时有一个病人，因为没有胃镜，钡餐检查是十二指肠球部溃疡。我接班的时候，病人说自己很痛，我想球部溃疡一般一个月就应该好转了，为什么这个病人病情还没有好转，而且半夜还疼得厉害？我就给病人做一些物理检查，发现病人的眼睛发黄，那是有黄疸的征兆，联想到病人半夜睡觉会痛醒，我想病人很有可能是胰腺癌病变。后来西医外科医师做手术开腹探查，发现胰腺癌广泛转移了。

唐山地震时，因为当地环境影响，多发格林巴利综合征，当时没有什么特别好的设备，我为了培养那些小医生，就训练他们每人做腰穿，最后连护士长都会做腰穿了。因为我的要求严格，所以跟着我的小医生会多学习、多练习，很多基本操作都会了。为了培养他们，我还带着他们查房、讨论病例，为他们开展专题讲座等。当时的老百姓比较淳朴，他们相信医生，不会认为医生无力救治而跑到医院来大吵大闹。

我们要走的时候，当地的百姓都是依依不舍的，我记得我们说要走的时候，他们就一直拉着我们聊天，不愿意散场的感觉。真正离开的时候，要走一段路去火车站，唐山人民都夹道欢送，那么多朝夕相处的日子，真的让我们有种骨肉相连的感情。但是之后我和唐山当地百姓也没什么联系了。当年去的那些护士都是年轻漂亮的小姑娘，现在也都是婆婆、奶奶了，我们都很想再回到曾经战斗的地方看看，也可了却一些心愿，毕竟在最危险、最困难的时候，大家一起奋斗，血肉相连，感情太深了。

唐山救援给我的经验与思考是：我们要多看多听，以前肝脏方面的异常都是靠自己摸出来的。当时太贫困，没有设备，多数病症都是靠自己动手诊断出来的。虽然现在有着各种先进的设备，但是诊断水平还是没有提高。诊病还是要靠医生结合病史加以判断的，不要完全依赖实验室检查。一定要靠临床诊断，结合病史和片子，才能真正诊断出疾病。

当时的老百姓思想都很淳朴，领导人在我们心中的形象都很高大，地震发生时，我们都很悲痛。作为医务工作者，当时的想法就是：国家有难，百姓有难，我们要尽自己最大的努力去救援，一切为老百姓着想，利用一切条件，解决老百姓的困苦。虽然去了唐山以后，我们内心很害怕，因为还是有余震，地震发生的时候真的是声音巨大、山摇地晃的，即便如此，也没有人逃回去。我觉得我们这一辈人的思想纯朴，大家都挺愿意奉献的。遗憾的是，我没留下日记本、徽章之类的纪念品，幸好有一些珍贵的照片，它们记录了我们难忘的唐山经历。

我一辈子都善待他人，也善待自己。我一辈子都感谢党、感谢国家。我出生在一个贫困的家庭，我的父母是老工人，两位哥哥是文盲，而我却因为是工农子弟，能有幸读两所大学，而且都读得很好，曾获中医研究班第一名一等奖、龙华医院临床教学一等奖、论文一等奖。我也写了很多文章，翻译了很多作品，市里要授予我资深翻译家，但是我拒绝了——我只想做名好医生。

附　录

岳阳医院情况简报*

一、28日唐山地区地震后，广大职工对千百万阶级兄弟生命受到威胁的严重情况极为关怀，当第一批医疗队组织时，许多同志不顾个人困难，做到一切听从党召唤，把灾区的困难当作自己的困难，如：党总支委员办事组负责人俞士芳爱人长期病假，在家休息，在走前小孩子突然又跌骨折，虽同志们考虑到他有困难，要换下他，但他自己表示"我这困难和灾区人民比起来算得了什么"，坚决奔赴了抗震救灾第一线；共青团员吴斌得到通知后，没有来得及和爸爸妈妈说一声情况，就立即到队伍报到。在得知要组织第二批医疗队的消息后，全院各部门150多人都贴出了请战书，要求到救灾第一线，在动员会上争先恐后地发言表示自己的决心。伤科医生金炜听到那里缺少炊事员后，就主动报名去顶炊事员的工作；伤科陆品兰医生，在医院为第二批医疗队准备物资，十点钟才回家，当夜于十二点之后，〔医院〕才决定她去，接到通知之后，她立即行动，早晨五点钟就来医院报到。

二、通过抗震救灾工作，激发了广大革命职工的积极性，掀起了抓革命、促生产的热潮。

在抗震救灾中，病房抽调人数较多（共12人），占病房人数的一半以上。但同志们表示：救灾工作要什么我们就给什么。"豁着命也要把工作顶过去。"几天来，正如他们表示的那样，排不过班来，他们就连续干。内科朱锡棋（坤）医生，因长期病休，这次他也主动来上半天班，帮助科室克服人力不足的困难。供应室药房的同志们为了做好接收病人的工作，他们都是星期日主

★　根据上海中医药大学馆藏档案整理。

动来医院加班。由于我院刚建立不久，仓库物资很不完备，采购员、司机都通宵留在医院，需要什么马上就去采购，有了工作争着去干。最近我们病房死了一个病人，后勤组负责人王惠东腰伤刚好和秦延爵主动去扛尸体，有些青年看到这种情况就主动抢着去扛。就这样，同志们的一致努力，保证了医疗队准时出发和日常工作的顺利完成。

三、抓住抗震救灾的先进事迹，进行共产主义思想教育。

几天来，我们通过小组学习党、团活动，利用广播等方面宣传抗震救灾中的先进思想。几天来，我们除组织学习中央慰问电等文章外，还组织写唐山郊区和矿山机械厂党委的先进事迹，团支部专门组织团员，结合医疗队来信进行学习，通过学习，有不少同志联系实际，和先进人物的思想对比。有的同志说灾区的党员"先人后己"，"一心想着群众，一心想着人民的思想"。他们太山压顶不弯腰的精神是值得我们大家学习的。

1976年8月14日

上海中医学院赴唐山抗震医疗队总结*

坚守战斗岗位，以实际行动支援抗震救灾斗争

唐山、丰南地区发生强烈地震的消息传来后……在院党委的直接领导下，广大医务人员、工宣队员、革命职工和干部立即行动起来，纷纷地贴示了请战书，坚决要求到抗震救灾的第一线。先后已有两批共156名医务人员赶赴灾区，留下的同志……发扬灾区人民"地大震，人大干"的革命精神……积极支援抗震救灾斗争，出现了许多动人的先进思想和先进事迹。……

岳阳医院是新办的医院，病区共7名医生、14名护士（无公务员），有4名医生、8名护士参加了抗震救灾医疗队。病区一下子抽调了12人（占病房人数的60%），只留下3名医生、6名护士。他们表示"救灾工作要什么我们就给什么，豁着病也要把工作顶过去"。马振群医生身体不好，刚吊好盐水也顾不得休息就坚持上班；金新珍同志患病发热也不肯休息，仍然坚持工作；虞伟琪医生在人员缺少的情况下，一连上了三个夜班，次日仍照常工作；束桂珍、张惠频同志早班上了连夜班。可是，他们积极性都很高，纷纷表示要以实际行动支援抗震救灾工作。曙光医院后勤组的同志，他们在人手少、任务重的情况下，不怕疲劳，连续作战，积极地准备抗震救灾物资。院革会委员、后勤组负责人王国银同志坚守岗位，哪里需要就到哪里，他连续坚持两天两夜在院里准备抗震救灾医疗队的物资。在他的带领下，他们出色地完成了第一、二批医疗队所要的物资。司机同志也同样地坚守战斗岗位，随叫随到，做到既是司机又是搬运工，发挥了冲天的革命干劲。龙华医院的广大医务人员……在人手少、任务

★ 根据上海中医药大学馆藏档案整理。

重的情况下，不计时间，积极做好门诊、病房工作。有的因病全休、半休的同志都主动前来医院参加战斗；有的上了早班连中班，上了中班连夜班。七月下半月与八月上半月相比，请病假的人数下降了30%以上。他们豪迈地讲"人手少了，我们能顶下来；留在上海搞好防病治病工作也是以实际行动支援灾区人民的抗震救灾斗争"。青年医生张静喆除了医生工作外，还担当公务员的工作，而且抽空去赴唐山医疗队同志的家访问；王敏君、陈文娟护士，她俩在人手少的情况下，中班上了又连夜班；顾伯华老中医身体不好半休、现在也全天上班了；后勤组方一轩虽年已64岁，但为了抗震救灾工作，不计时间，发扬连续作战精神，好几个晚上搞得很晚才回家。如第二批医疗队出发前夕，由于时间紧，也正是晚上八时多，十多包药包还未打好，草绳又没有，怎么办？方一轩开动脑筋，发动群众，克服了困难及时地完成了打包工作。全院广大干部和群众纷纷表示，要坚持战斗岗位，发扬不怕苦、不怕累和连续作战的革命精神，把医疗队同志留下的任务承担下来。

再大困难我们顶

曙光医院一病区外科病房共12名医生，有5名参加了医疗队，留下的医务人员在困难面前不低头，不怕担风险，敢于抢挑重担，7月28日至8月14日连续抢救了八个重症病人（中毒性阑尾穿孔休克、阑尾穿孔休克、消化道出血休克4名、2名肠道出血休克）。五病区一个病人大出血，血压下降，心跳180次/分。在这危难的时刻，他们……及时进行了手术抢救，使病人脱险。他们做到四个不分（不分包干；不分楼层；不分你我；不分值班、休息），一心想到的是病人的安全，使病人早日恢复健康，重返战斗岗位。三支部张光正医生患颈椎肥大住院（东院）治疗，但他仍坚持工作。每当有危重病人需要开刀抢救时，他总是来到第一线，指挥工作。他还积极地做好医务人员的政治思想工作，使整个病区的面貌焕然一新。吴立德高年资医生按规定不值班的，现在也值班了；原来负责三楼治疗工作的，现在也并管二楼的治疗工作。他表示不分昼夜，随叫随到。手术室护士邓纪灿同志今年64岁了，但他发挥了党员的先锋模范作用，抢挑重担，不计时间，主动担任了三人留下的工作。他说："支援灾区的同志走了，我们在后方也要坚守岗位，他们留下的工作我们要顶上去。"

医护团结齐奋战

曙光医院七病区是医护结合的试点病区，没有公务人员，这次他们一下子抽调了四位同志参加医疗队，整个病区工作由留下的7个护士和2个医生共同承担，他们鼓干劲、巧安排，上夜班的同志晚下班，上早班的同志早上班，轮到劳动班的同志把一天的清洁卫生半天做好，挤出时间帮助病区工作。他们除做好东病区的工作外，还在晚上六点到十点抽出一些同志支援急诊室。有的同志坚持轻伤不下火线，病假单往袋里一塞，坚持战斗。长期病休在家的于翰以同志知道抗震救灾消息后，连病都不去看，立即投入战斗。陈凤珍同志也坚持半天工作；杨少华高年资医生今年60多岁了，她说："这次强烈地震发生后，在毛主席、党中央的亲切关怀领导下，在全国人民的支援下，唐山克服了自然灾害，取得了抗震救灾斗争的胜利，体现了社会主义的优越性，真是一方困难、八方支援。在旧社会，发生这样大的天灾，不知多少人要被饿死、冻死。"杨少华老中医以前她曾患胃病开刀，这次大便化验隐血（四天假），同志们劝她休息，她说："我这个没有关系，吃吃药、打打针就好了。"仍坚持全天上班。整个病区呈现一派团结战斗的景象。

医疗科研组

1976年8月17日

第一、二批抗震救灾医疗队情况总结*

把上海一千万人民的心愿带给灾区人民

唐山、丰南地区发生强烈地震消息传来后，在党中央、毛主席亲切关怀下，在市委直接领导下，我院广大医务人员、职工、工宣队员、干部都积极争着报名到抗震救灾第一线去战斗。他们响应党和毛主席的伟大号召，肩负着上海一千万人民的期望，奔赴了灾区，与灾区人民一起，团结互助，艰苦奋斗，在极其艰难困苦的条件下，夜以继日地坚持战斗，发扬了人定胜天的革命精神，为抗震救灾作出了可贵努力，得到了灾区人民好评。

医疗队概况

我院先后二批、共156名医护人员奔赴灾区。第一批46名，于7月29日出发，30日下午6时到达唐山机场，他们主要任务是在机场设立医疗站抢救治疗，转送重伤员到各省市。目前他们在抓以下三项工作：①抓紧整训……作阶段小结，表扬好人好事；②做好现场病员的防治工作，组织巡回医疗；③随时做好准备，奔赴新战场。

第二批110名，于8月4日出发，5日9时30分到丰润县。根据华国锋总理指示：凡一个月内的伤员不能治愈者，均送外地治疗，以便抓革命促生产。因此原定成立四个3000病人的医院计划取消，因此到迁西后即分两个片，一个片由二军大带领十个队进驻河北省海河二程指挥部二程局所属单位及全矿。我们和

★　根据上海中医药大学馆藏档案整理，标题为编者所拟。

兄弟单位八个队根据迁西县委抗震救灾指挥部医疗组的意见，由龙华医院和黄浦区中心医院等4个队接替调离迁西的辽宁医疗队。曙光医院和其他兄弟单位4个队由县委干部带领，分赴本县各公社巡回慰问普查（查房屋倒塌和伤亡情况）医疗。曙光一队到分散在县城的伤员进行调查慰问，曙光二队到离县城7里的南观公社进行慰问、治疗。

8日，医疗队接到新任务，我们和二军大等医疗队将转移到唐山东矿区建立一家300张床的临时医院。医院筹建组已出发，医院基建规划基本搞好，现除积极投入迁西县的抗震救灾工作，已严阵以待，只要指挥部一声令下，立即奔赴新的战斗岗位。

以革命大无畏精神，全心全意为灾区人民服务。

…………

在斗争中，广大共产党员、共青团员始终站在斗争第一线，哪里最艰苦，哪里最困难，他们就出现在哪里，充分发挥了党团先锋模范作用。医疗队一到救护点就立即成立了临时党团支部或党团小组。……

第一批医疗队一到现场，亲身目睹人民生命财产遭受地震的重大损失以及党中央和全国人民对灾区人民的关怀和支援，深受教育，更加激发了他们救死扶伤、努力为灾区人民服务决心，几次向大队部表决心，要求调派到伤员最多、条件最艰苦的地方承担更繁重的救护任务。岳阳医院医疗队员到灾区后，向党表决心"明知征途有艰险，越是艰险越向前"，灾区人民需要我们，我们更需要为灾区人民服务，灾区人民的痛苦就是我们的痛苦，我们一定要急灾区人民所急、想灾区人民所想，全心全意为灾区人民服务。只要灾区人民的需要，我们毫不惋惜自己的一切，假若是灾区人民需要我们的血，我们愿献出生命的最后一滴血。他们是这样想的，也是这样做的。第一批医疗队一到机场，当听到待命时，就争分夺秒，积极抢救伤员，想方设法，因地制宜，采集中草药，把队员的饭盒集中起来，煎了药给病员服用，并做成中草药敷料，为伤病员服务。

第二批医疗队员……不顾家庭困难、身体不好，都积极奔赴到抗震救灾第一线，如龙华医院西药房、共青团员任洁，平时身体不好，心脏有三级杂音，半休，父亲最近又住院；医疗科研组王石明师傅的父亲最近患癌症刚开好刀；岳阳医院总支委员、办公室负责人俞士芳他爱人长期病假，小孩又突然骨折；又如岳阳医院伤科陆品兰同志，妇科开过大刀，她在医院第二批医院队准备物资到晚上10点才回家，12点刚接到去唐山的通知，立即行动，第二天早晨5点就到医院报到。还有很多同志刚从贵州巡回医疗回来，又立即奔赴抗震救灾第一线。他们想的不是自己的困难，正如俞士芳同志讲的那样："我这点困难和灾区人民相比算得了什么。"他们一到现场，就投入了战斗，他们为了早日把党和毛主席的温暖、上海一千万人民对灾区人民深切问候送到灾区人民心坎上，为早日解除灾区人民病痛，尽管天天有余震，仍长途跋涉，不怕辛苦，头顶烈日，携带干粮，到乡村、公社、大队挨家挨户巡回医疗。在巡回医疗中他们的口号和行动是"我们既是医疗队——为灾区人民防治疾病；又是宣传队——宣传伟大领袖毛主席和党中央对灾区人民关心，宣传毛主席革命路线和我们的社会制度，传达我们上海一千万人民对灾区人民的深情问候；还是建设队——和灾区人民共同重建家园"。灾区人民深有感触地说："在旧社会，遇上这样大的天灾，不是砸死就是冻死、饿死在街头，只有在我们的社会主义制度下，在党和毛主席亲切关怀下，在全国人民支援下，我们才获得第二次生命，我们身体恢复后，一定要加倍努力，重建家园，为社会主义建设贡献自己应有力量。"

在药源缺乏时，医疗队因陋就简，充分发挥一根针、一把草、一双手作用，为病人解除痛苦。生理盐水用食盐水代替，高压消毒就利用野外石头灶蒸，疮口消毒用草药捣烂外敷，同志们为了采集草药，手都被拉破，但他们不在乎，首先关心是灾区人民病痛。

…………

医疗科研组

1976年8月17日

情况简报*

党委昨天上午召开了防震救灾紧急会议，各附属医院根据党委布置的精神，做了如下的准备：

龙华医院：

在党委召开了紧急会议后，总支于中午12时半召开了各支部书记会议，下午又召开了全体人员大会，传达了党委会议的精神。同志们情绪很高涨，积极报名请战，坚决要求到抗震救灾的第一线去，纷纷要求领导批准他们的要求。

他们已准备组织抗震领导小组，组长成德余，并准备扩大一些群众参加，从昨晚起总支负责同志开始值班，医疗队初步排了名单。药品器材正在积极地准备，贵重精密仪器正在排清单。

存在问题：（1）队长指导排不出；（2）总支书记只一人（李）、总支委员均兼支部书记，工作较困难；（3）车子有困难，要学院帮助解决。

曙光医院：

回去立即行动起来，晚上召开了全体人员大会，医疗队药品器材都准备好了。昨天晚上总支书记已值班，组织好了防震小组：董基康、吴悦影、王国银，贵重精密仪器今天下午再准备。医疗队指导员姚洁明，队长陆善林。

★ 根据上海中医药大学馆藏档案整理。

存在问题：（1）车子有困难，要学院帮助解决；（2）他们希望医疗队配一电工，但派不出来，要求学院支援。

岳阳医院：

回去后及时作了研究，考虑派一个医疗队有困难，但是，如果上海有影响，还是一定有任务的。昨天已开始派17名医务人员在医院值班，15名民兵还有汽车司机、电工值班，总支昨晚也已开始值班，贵重精密仪器已在准备清点，定人专门负责，内科帮助化验室，伤科帮助X光室，警报时医务人员随时拉出去。

昨晚给苏州开门办学打了电话，他们在江苏省委统一领导下已进行了动员，已与当地医务人员组成了医疗队，情况很好。

医疗科研组

1976年8月21日

岳阳医院医疗队赴唐山地区抗震救灾工作汇报*

同志们：

我们岳阳医院医疗队带着上海市一千万人民的嘱托，于30日到达河北省唐山地区，进行抗震救灾医疗救治工作。……

唐山的灾情是严重的，但是正像河北省委书记刘子厚同志代表河北省四千万人民的豪言壮语所说的那样："……我们有信心、有决心建设更加美好的新唐山，那时请同志们再来。"……

我们岳阳医院建院只有七个月的历史，这次单独派出抗震救灾医疗队，而且接受这样繁重的任务，还是第一次。这支医疗队也是一支平均年龄只有28.5岁的最年轻的医疗队。其中大专毕业有一定临床实践经验的医生只有两名（内科、骨科），部队下来的卫生人员两名，其余都是中专毕业的只有两三年，最短的才〔工作〕两个月就参加这次战斗。这些同志，他们对于这样灾情重、伤员多、伤情重而广泛的医疗救治工作，不仅是缺乏经验，技术力量也是显得薄弱。当然，困难是吓不倒我们的。我们认为，我们是辩证唯物主义者，既要看到我们的短处，但同时也要充分估计我们这支队伍的长处……那种悲观的思想、无所作为的思想都是错误的。我们这支年轻的医疗队的特点是：……有较高的阶级觉悟。我们医院小有志气，队员年纪轻、有干劲、有能力，有接受新事物的政治敏锐性。这是基础，是根本。我们只有充分发挥政治挂帅、思想领先的作用，就能克服业务水平低、经验不足的困难。……因此我们来到灾区后，首先在不影响救治工作的前提下，分批组织同志们到灾情最严重的市区去

★　根据上海中医药大学馆藏档案整理。

学习、受教育，到郊区农村边巡回医疗，边接受再教育。……其次，我们为了很快适应大规模收治伤病员的任务，克服技术力量薄弱的短处，在实际工作中采取了传、帮、带。……以老带青，以较有经验的带经验少的同志，以伤科的带其他医技人员，共同提高。我们是见缝插针，组织理论联系实际的小讲课，从而使我们这支年轻的医疗队逐步成长壮大。

我们这支年轻的医疗队在短短的两个多星期的时间里……共收治一千五百多号伤病员，其中包括手术、上石膏、上夹板，以及内外科伤病员，在工作中无一例差错和事故，圆满地完成了上级党交给我们的光荣而艰巨的抗震救灾的医疗任务。

…………

艰苦的任务，革命的征途

29日上午7时20分，列车满载着上海一千万人民对灾区人民的深切慰问，飞速前进。……

我们这支平均年龄仅28.5岁的年轻医疗队中，有很大部分是从没离开过南方的，青年的总数是70%以上。气候不习惯了，生活条件艰苦了，任务繁重了，这对大家来说都是一个新的考验。五天的压缩饼干要分成十天吃，压缩了再压缩，炎热的气候，汗水淋漓，而补充的水又少得可怜，吃水如油，连泥浆都成了主要的用水。夜晚尺把高的草毯作床，满天的星星作被盖。早晨的露珠滚在我们污垢的脸上，但大家都满不在乎，都暗暗地下着决心："只要是灾区人民的需要，我们毫不惋惜自己的一切；假如是灾区人民需要我的血，我将输尽生命最后一滴血。"大家想的是如何为灾区人民多作贡献，如何为年轻的岳阳医院、年轻的医疗队谱写新的篇章，毫不考虑个人的得失。

当指导员老俞问大家："小鬼，辛苦吗？"大家异口同声地回答："比起灾区人民，比起当年二万五千里长征，再苦也是甜的。"这朴实的语言，表达了我们青年的决心，表达了医疗队员的决心。正如有些医疗队的同志所说："天当被盖、地作床，生水拌嚼压缩饼，烈日炎炎背重装，誓与人民同抗震。"

自力更生创大业，祖国医学树功勋

7月31日傍晚，我们到达了目的地，同志们干劲十足，顾不得旅途的疲劳、干渴和饥饿，发扬"连续作战"的精神，立刻投入了战斗。队领导决定，部分同志做生活上的准备，部分同志马上展开工作，巡回治疗所管辖范围的伤病员，直至夜幕降临。

面对着大批伤病员，我们所带的药品少，品种不全，怎么办呢？是知难而进，还是遇难而退？难道我们能对灾区人民说："没有药，不能治疗吗？"不！决不能！！我们有毛泽东思想武装，我们是毛主席、党中央派来的医疗队，我们决不能辜负上海一千万人民的期望……没有药，我们有一根针、一把草、一双手，我们要用祖国医药学为唐山人民服务。

在治疗中，我们发现很多伤员受压后出现臂丛神经损伤、挠神经和腓总神经瘫痪，给病员带来很大的痛苦，不利于伤员早日抓革命、促生产，队员们展开了分析、讨论，决定采用电针灸治疗。全队同志，不分医生、护士都参加了这项工作。当一根根闪耀着阶级情意的银针扎进伤员的穴位、电麻仪的红灯不停地跳动时，我们的心情是多么的激动呀！一次，两次，三次，经过多次治疗法，十余名病员有了不同程度的好转，有的已重返战斗岗位。此外，我们还对高热、胃痛、气嚼病人进行针灸治疗，前后共计100余人次都取得了很好的效果。

有位大娘肾挫伤，肉眼血尿，经过一般处理后无明显好转。小吴、小周、小王三位同志就外出采集中草药。采药中他们的手被刺破了，还是继续干，毫无怨言，终于采来了一篓篓小蓟草，自己煎汁。当朱医生将一碗煎药送到大娘手里，大娘热泪盈眶，说："感谢毛主席派来的亲人。"服至数帖后，血尿终于控制了，病情迅速好转。

对于大片软组织挫伤病员，我们也采用中草药治疗，发挥一把草的作用。我们充分发动群众，采集大批堇草，自己搞烂制作成药，给病员外敷，收到良好效果。

人民解放军是工农子弟兵，在抗震救灾中他们夜以继日，连续作战，不少指战员腰扭伤了，还坚持工作。我们医疗队就用冯天有新医正骨疗法治疗，经过一两分钟手法，他们又生龙活虎地投入救灾了。

外伤的病人需要生理盐水洗清创口，没医用氯化钠，怎么办？用食盐代替，同志们已三天没有吃上一点盐了，这时候是多么需要盐呀！但是同志们没有吃一粒盐，而全部省下来制作生理盐水。同志们说："只要灾区人民需要，就是天大的困难也能克服。"

一颗红心为人民，阶级情意深似海

只要有病人，不管是疲劳不堪或何时何地，〔医疗队员〕都随叫随到。夜晚兄弟单位来了产妇，女同志抢着打手电，帮助照明，当天深夜二时又来了手术病人，男同志就帮着照明。只要是病人需要，就是我们的需要，就是命令。

每当远道赶来的病员需要补液，但又因路途较远、返回有影响时，我们的同志就主动提出"送上门去"。一位被素不相识的阶级兄弟收容的女同志，因右下肢严重感染而引起菌血症，形成高烧四十度，伴有寒战，急需大量的抗菌素，静脉滴注，但是路途又较远，往返六华里。此时小李、小徐就主动请战："我去，我去，抢救阶级兄弟要紧哪。"〔他们〕在中午的骄阳下，往返了多次。每天疮口换药时，一股难闻的臭味扑鼻而来，但他俩总是认真仔细清除腐肉，哪怕汗流浃背或头晕恶心，全然不顾。三天后病员脱险了，她拉着我们两位同志的手激动地说："是毛主席派来的亲人救了我，我要加倍地努力，投入重建家园的工作，以报答党和毛主席的恩情。"病情刚愈不久，她就坚决要求重返战斗岗位。这朴实的阶级感情打动着我们每个医疗战士的心弦！

又一天中午，烈日当空，一位满身伤痕的中年人怀抱着4岁的小女儿来到我们医疗站，患儿高热、衰弱、呻吟不止，整个腹部，两大腿深Ⅱ度烫伤，面积约10％，创面焦黑的痂皮下积满脓液。原来，7天前地震发生时，〔她〕被开水烫伤，因为父母同时受伤，未能及时〔得到〕治疗，目前已有全身感染现象，如果处理不及时，随时可发生危险。有关医生共同讨论后，立即确定方案，进行治疗。我们仔细地逐步切除痂皮，每切除一块，痂皮下脓液散发出阵阵臭味。闷热的气候下，汗水浸透了内衣，但是英雄的唐山人民激励着我们，我们一心想着病人，尽量减少病人的痛苦，经过半小时耐心、细致的手术，终于安全地切除了整个痂皮。下一步怎么办？在城市可采用暴露疗法，但是当前缺乏种种条件，我们决定采用包扎疗法，没有合适的无菌外用药物，我们自己动手配制。在局部处理时同时进行全身治疗，其他队员纷纷送水、送干粮、送苹果给患儿和家属。经过一小时的战斗，患儿病情好转，治疗结束，病儿父亲感激万分，但我们感到这是我们应该做的事情。

在全队同志努力下，经过两周精心治疗，病儿渐渐恢复健康，创口肉芽新鲜，渐趋愈合，病儿不再是啼哭不止，而是常常含笑欢唱，歌唱"东方红，太阳升，中国出了个毛泽东……"当我们即将离开驻地时，她父亲激动地拉着我们的手说："你们真是毛主席派来的好医生。"

心往一处想，劲往一处使

我们组织大家到灾情严重的市区学习回来后，团员、青年纷纷表示要在平凡的工作岗位上做出不平凡的事迹，为灾区人民多作贡献，共青团员程小萍是分管消毒器械的，此项工作既费事又琐碎，但程小萍同志……踏踏实实地有条有理地利用一切工作及休息时间做好供应工作，因为消毒器械带得少而需要用量又大，程小萍同志就放弃中午休息，在骄阳烈日下为消毒器械而汗流浃背，早晨她第一个起床，20多天来中午她从不休息，夜晚又是她最后一个睡觉，每天忙碌到晚，为保证第一线供应，同志们称她是"我们的好管家"，她还博得了当地驻军及兄弟单位的一致好评。最后，中共中央国务院在北京召开庆功大会，表彰抗灾中的英雄模范人物，庆祝抗震救灾取得的伟大胜利，她又将代表我们岳阳医院中医系统参加庆功大会了。为此，我们大家都感到非常光荣。

又如一次，一位年方44岁的病人，因左下肢严重挫伤，步履不便，而结便四天，想便而又不能自行排出，在痛苦的呻吟中，内科朱医生在旁心如刀绞，怎么办？……他毅然伸出手指挖出了干结的大便，病人深深地舒口气。

为了更好地为人民服务，根据我们队青年的特点，开设了战地讲课，由施忠传医师、候筱魁医师、朱锡坤医师分别讲了伤、外、内科的疾病，在掌握一定理论的基础上，大家边教边学……不分伤、外、内、药房、化验、护理，都认真地对待每一个病员、每种疾病，当重伤员车子刚一到，〔我们〕就抬的抬，换药的换药，打针的打针，导尿的导尿，有条不紊，从不因忙而马虎或者不耐烦。在1500多号的病员中，〔我们〕从没因消毒不严或误诊给病员带来不必要的痛苦，并对早期没来得及处理的病人，经治疗后给予及时的二期手术，这对三位年轻的外科医生来说，也是一个新的课题。消毒条件那么差，能行吗？但在他们认真的战前准备及尽可能的无菌条件下，很多病员在手术后很快恢复了健康。

队长施忠传医生处处以身作则，除了抓紧队员的思想革命化、及时做好队员的思想工作，还参加对伤病员的治疗工作，还对一位大便秘结的病人，用手指挖出硬便，为我们树立了榜样，并亲自带领医疗队，下农村巡回医疗。

在农村巡回中同志们还发扬不怕苦、不怕脏、认真接受再教育的精神，尽管烈日当空，骄阳似火，但同志们总是抢着干，送医送药，到达离驻地〔远〕的农村治疗伤病员。身体好的同志要让身体不好的同志在家里，年轻的要让年老的留在家里，互不相让。巡回中，同志们热情、和蔼地询问病情，认真、负责地处理病情，并宣传毛主席、党中央对灾区人民的深切关怀，同时，也倾听了当地贫下中农的回忆对比教育课，更激发我们青年对社会的无比热爱，对灾区人民的深厚感情。

团结战斗，共同前进

由于沿路的生水、食物及疲劳给同志们带来了影响，队员徐立强发热38℃以上，坚持工作，同志们多次劝他休息，他坚持不肯，直到剧烈的呕吐和腹泻后实在支持不住了，才补液休息。同志们送水送饭，互相关心。王群同志发烧40℃以上，经抗菌素退热针治疗均不见效，同志们不顾帐篷内的高温，为自己的同志忙开了：有给服药的，有采用物理降温的，周蓉同志运用针灸给予退热。队里领导同志经常来看望，对同志们健康非常关心。在同志们的精心护理下，王群同志的身体很快恢复了健康，这充分体现了革命大家庭阶级兄弟之间互相爱护，互相关心，互相帮助。我们这个十五个人组成的战斗集体，团结得紧，拧成一股绳。

……朱锡坤同志是一个年资较高的内科医生，可是他既认真负责地做好医疗护理工作，而且还积极地搞好清洁和大家的伙食工作。每天他总是出去拾柴烧火、刷锅洗碗、洗菜煮饭。在缺乏供应的情况下，他因地制宜、想方设法把菜烧得可口些，使大家更精神充足地投入战斗。同志们风趣地夸奖朱医生说："巧媳妇难做无米之炊，我们朱医生大大地胜过了巧媳妇啊！"

唐山灾区人民，既是我们医务工作去服务的对象，更是我们接受再教育的好老师，唐山地区是我们改造世界观的好战场。虽则时间较短，但在我们每个医疗队员改造世界观的历程上都留下了不可磨灭的一页，三个星期使我们无论在政治思想上，还是业务技术上都有了很大的提高，使我深深体会到：知识分子只有走与工农相结合的道路，才能在继续革命的大道上迈出坚定步伐。

在毛主席革命医疗卫生路线的指引下，我们取得了一定的胜利。在当地解放军指战员、工人阶级、贫下中农的教育下，我们做了一些工作，但离党和毛主席的要求还相差很远，尤其是受到了市委领导同志及河北省领导同志的好评时，更感惭愧。……

三个星期已结束了，但英雄的唐山人民的好思想（如风格），将永远激励我们前进，我们决心与在座的同志们一起，与上海一千万人民一起，仍然坚持不懈地做好抗震救灾的支前工作，做到组织不散、思想不松、物质上有准备，只要组织一声令下，打起背包就出发，为党的事业和人民的事业贡献我们的一切。

上海中医学院附属岳阳医院

赴唐山地区抗震救灾医疗队

1976年8月25日

上海支唐临时医院情况反映*

我们上海医疗队响应毛主席、党中央抗震救灾的战斗号令，带着上海市委和上海一千万人民对灾区人民的亲切慰问，怀着对灾区人民深厚的无产阶级感情来到灾区，与灾区人民共同战斗。在迁西医疗点救死扶伤获得初步胜利后，根据上级指示，由我们中医学院、第二军医大学、国际和平妇幼保健院等三个医疗分队共165名同志，一起赴唐山东矿区建立一个300张床位的临时医院，参加建设新城镇的战斗。8月14日筹建，现已门诊，救治伤病员。

临时医院的各个医疗队，除了一个小队于8月14日先期到达林西外，其他人员也分别于8月21、22日由迁西抵达林西，同志们怀着极大的革命热情，马上投入了紧张的整理和开设医院的工作。根据医疗队的力量和当地的需要，我们开设了内、外、伤、针灸、五官、妇产科等多个病房。在东矿区委和上海医疗队指挥部的统一领导下，在全体医疗队员的努力下，经过短短的两天时间，于8月25日临时医院正式对外开放门诊和救治病人，配合门诊与病房工作的药房、化验、放射、供应室和手术室等辅助部门，均已正常开展工作，同时健全了党团组织，成立了院部多级组织，制定必要的学习、民生生活、休息制度以及会诊、交接班、医疗、查房、大手术请示报告和业务周会等制度，使临时医院的行政和业务工作逐步正常起来。

一、因陋就简，自力更生

由于灾区条件差，一时建院必需的设备还跟不上，尽管如此，东矿区委

★ 根据上海中医药大学馆藏档案整理。

还是千方百计地从多方面给予我们大力支持和帮助，这对我们每个医疗队员是极大的鼓舞。同志们以灾区人民为榜样，发扬了人定胜天的革命精神，群策群力，自力更生。同志们放下背包，就立即投入开沟、修路、排除积水的工作。没有办公用具，自己动手利用废料做了桌子、凳子、药橱、药盘等；没有常用的设备就坚持"土法上马"。同志们日夜奋战，仅在一天时间内就做好了接受病人的准备工作。同志们说：一颗红心两只手，自力更生样样有，抗大精神放光芒，抗震救灾为人民。这些东西式样虽不美观，但体现了艰苦奋斗的精神，体现了对灾区人民的深情厚意。

二、急灾区人民所急，全心全意为灾区人民服务

随着情况的变化，我们医疗队的任务也有了改变，由抗震救灾抢救伤病员变为到东矿区建办临时医院、建设新唐山。这时有部分队员缺乏长期作战的思想准备。针对这些情况，支部及时利用组织生活，以向灾区人民学习、为灾区人民服务专题讨论等形式抓紧思想教育。医疗队中涌现了大量公而忘私、急灾区人民所急的动人事迹。如国际和平妇幼保健院邰延龄同志刚从黑龙江参加巡回医疗回来，就投入了抗震救灾的战斗。在一次抢救新生儿的战斗中，他和科室其他同志一道日夜护理，没有设备，他用口吸出新生儿口腔中的大量黏液和血腥分泌物，并口对口地进行人工呼吸，这种不怕苦、不怕累、全心全意为灾区人民服务的精神受到大家赞扬。龙华医院的姚楚芳同志为了加快社会主义新唐山的建设步伐，贡献自己一份力量，毅然地推迟了婚期，主动要求留下来办院。许月仙同志在接到抗震救灾通知时，爱人刚巧回沪探亲，为了响应抗震救灾的号召，她让自己的爱人在家照顾小孩，毫不犹豫地赴唐抗震救灾，这次又主动要求留下办院。还有的同志为了参加重建灾区新城镇的战斗，带病坚持工作。如二军大的王安文同志，肝脏不好，在上海时也经常因病休息，而且家庭也比较困难，但想到为灾区人民多作贡献，他就以忘我的革命精神留下与同志们一起战斗，并在人员少、工作量大的情况下不计时间、不怕劳累地紧张工作。最近通过学习中共中央13号文件后，同志们意气风发，纷纷表示：我们

办的是临时医院，但思想不能临时，决不能让阶级兄弟在地震中没伤亡而被疾病夺去生命。我们早一天把医院开出来，就能早一天解除灾区人民的疾苦。这充分反映了广大革命医务人员完全、彻底为人民服务的崇高思想。曙光医院一队作为先遣队到达时，临时医院房子刚刚落成，生活用水、吃菜等都非常困难。在这样的条件下，他们先工作，后安排工作，一方面积极为大部队做准备工作，另一方面又支起帐篷，办起了"临时门诊"。他们这种革命行动为以后的工作打下了基础。手术室的同志在人手少而又缺乏器械用品的情况下，千方百计克服困难，夜以继日地做准备工作，在抢救垂危病人战斗中需要氧气，二军大的同志不怕困难，深夜四处奔跑，想方设法解决。总之，同志们怀着对灾区人民深厚的无产阶级感情，做到工作中认真负责，技术上精益求精。截至29日止，共接待各科门诊病人3568人次，最高一天达1000号左右，住院病人112人，他们这种崇高革命精神受到伤病员好评。

三、团结战斗、互相学习、互相支持

……我们这支队伍虽然来自六个医院，但是为了抗震救灾结成了一个团结战斗的集体，大家打破了单位的界限，不分你我，工作抢着干。两个病区，由军队和地方分管，但工作上总是互相支持。二军大同志刚来时由于考虑不周，缺少体温表，地方的同志就及时送来。地方同志请二军大同志会诊，总是随叫随到。最近在救治一个急性胆囊炎病人时，军队和地方的同志一起讨论，根据病人患有心脏病的情况，进行了手术步骤的研究，手术中密切配合，保证了手术的顺利进行。为了灾区人民的健康互相学习，全院呈现出一派团结战斗的景象，不断密切了军民关系，提高了战斗力。……

四、当前我院政治工作的几点意见

1.（略）

2.宣传教育：

抗震救灾是毛主席、党中央发出的伟大战斗号召，为了取得抗震救灾的胜利，〔我们〕必须继续学习中共中央给灾区人民的慰问电和中共中央13号文件，不断提高对抗震救灾意义的认识和贯彻执行毛主席革命路线的自觉性，树立长期作战的思想。

学英雄，作贡献。以抗震救灾中的英雄人物为榜样，学习灾区人民抗震救灾的大无畏革命精神和英勇气概，发扬艰苦奋斗和一不怕苦、二不怕死的革命精神，不允许给灾区人民增加任何负担，把在工作和生活中遇到的问题都与改造世界观联系起来，自觉锻炼，在政治上严要求，工作上高水平，生活上低标准，因陋就简，医护结合，全心全意为人民服务。

积极开展文体活动，活跃生活，培养革命的乐观主义。做到天天有歌声，月月有晚会，采取多种形式歌颂在抗震救灾中涌现出来的英雄事迹，歌颂社会主义优越性，宣扬灾区人民战天斗地的革命精神和公而忘私的共产主义风格，大力表彰好人好事，鼓舞斗志。

3.“共产党员的先锋作用和模范作用是十分重要的。”在建院过程中，要根据不同阶段和全院同志的思想，始终必须狠抓党员的思想教育，加强组织生活，建立汇报制度，做深入细致的思想工作，积极开展谈心活动，自觉地开展批评与自我批评，使党员充分发挥模范带头作用。

4.“团结起来，争取更大的胜利。”我们院的同志虽然来自祖国的五湖四海，而且有地方又有军队，但是为了抗震救灾结成了战斗集体。因此，一定要搞好团结，互相学习，互相促进，共同战斗，做到不利于团结的话不讲，不利于团结的事不做，加强组织纪律性，服从命令听指挥。

5.要求全院同志“千万不要忘记阶级斗争”，提高革命警惕，严防阶级敌人的破坏和捣乱，勇于同坏人坏事做斗争，狠狠打击一些反革命分子，做好治安保卫工作。

此情况反映上报东矿区党委，上海市抗震救灾指挥部。

上海支唐临时医院

1976年8月30日

第二抗震医院业务组工作汇报*

一　基本情况：

我们医院的全体同志肩负了毛主席、党中央和上海一千万人民的重托，赴唐山灾区参加抗震救灾。8月24日，第一批先遣队进入东矿区筹建医院，到8月25日正式对外门诊收治病员，至今近3个月。在省、市、地区党委的领导下，在上海有关单位党委的关怀下，在三院同志和当地有关部门的大力协助下，全体同志以阶级斗争为纲，坚持党的基本路线，特别是欢庆华国锋同志担任中央主席和军委主席、欢庆粉碎"四人帮"反党篡权阴谋的伟大胜利和揭发批判"四人帮"反革命的滔天罪行这些活动，更加激发了同志们的革命干劲和革命精神，认真向灾区人民学习，发扬人定胜天的革命精神。三个月来已基本组建成一个具有300床位、222名工作人员（医护171、学员50、行政政工、后勤51，不包括地方工勤人员）的初具规模的综合医院。9月25日前的工作已总结过。9月25日以来的工作情况现简要地汇报一下。

9月25日至11月20日门诊、住院收治情况表：

日期项目	门诊		住院				手术室	抢救室 重危病人数	妇产科		说明
	总人数	日平数	入院	出院	死亡	在院			人流	分娩	
9月25日至10月31日	47200	1276	828	612	22	185	120		133	162	
11月1日至11月20日	6464	323	338	312	13	211	69		70	95	11月1日开始收起
合计	53664	1599	1166	924	35		189	181	203	257	

★　根据上海中医药大学馆藏档案整理。

9月25日以来从门诊收治的情况，大致反映了以下几个特点：

（一）患者多系常见病、多发病，偶也见震中受伤者，内外科病人的比例大致相等；内科疾患以慢支继感、哮喘、肺心为多；心血管系统疾患以上消化疾患、中毒为多；外科以肠梗阻，胃、肠穿孔，胆道感染，工伤车祸为多；小儿科营养不良衰竭、小儿破伤风为多；妇产科临产较多；门诊病人中菌痢、伤寒、急性黄疸性肝炎也偶有一定数量。

（二）重症病危患者、疑难患者多，住院病人中重危患者占50%以上。

（三）妇产科工作量大，从9月25日至11月20日，人流203次，分娩257次，平均每日人流和分娩9人次，最多在12小时内，接生11名新生儿，抢救重危产妇32名。……遇到疑难病例认真讲解。遇到特殊的体征，典型的体征，组织同学观察体会，手术操作把着手教。师生生活在一起，工作在一起，学习在一起，共同战斗，互相支持，共同提高，完全是一种新型的师生关系。在教学上，当然还存在一些问题，有待进一步研究解决。

（四）几个月来，医院各科室已经建立了一些必要规章制度。

二　几点体会：

两个月来，我们医院的工作，能够取得较好的成绩，基本上完成了我们肩负的抗震救灾支援唐山人民的任务，除上级党的领导、兄弟单位和地方同志的支援、人民群众的支援外，就我们本身来说，有以下几点体会：

（一）以阶级斗争为纲，充分发动群众，深入揭批"四人帮"，在斗争中组织全体同志的马列毛主席著作的学习，不断提高同志们的三大觉悟，不断提高继续革命的自觉性，抗震救灾全心全意为灾区人民服务的自觉性，是促进我院各项工作发展的根本。

两个月来，我们组织了对伟大胜利的欢庆，对"四人帮"的声讨；组织了对"四人帮"反党篡权及革命罪行的初步揭发批判。运动在继续深入，认真传达学习了中央有关文件及主席一系列教导和报刊有关文章，通读毛主席著作的学习已逐步开展起来，以纲带目，促进了抗震救灾医院的各项工作。

组织了向唐山灾区人民学习的活动，学习唐山人民的革命英雄主义精神，学习开滦煤矿工人阶级特别能战斗的革命精神；向先进的兄弟单位学习，向第一批医疗队的同志学习，组织现场参观，报告会，学英雄，找差距，激发革命热情，转好思想弯子，牢固树立长期为唐山灾区人民全心全意服务的思想。

进行了忆苦思甜的革命传统的教育，翻身不忘共产党，幸福不忘毛主席，发扬革命传统，争取更大的光荣。

经过学习、教育，全院绝大多数同志继续革命的觉悟是高的，为唐山灾区人民全心全意服务的思想是牢固的，比如说：

全院各科室各方面的同志……平日遇到垂危病人都是全力以赴、夜以继日、同心协力地进行抢救，从9月25日至11月20日共抢救垂危患者达90名之多（11月13日已82名），其中有破伤风（两例）气性坏疽、严重气管炎、颈部大动脉损伤、小肠梗阻行广泛性切除、胆道感染合并中毒性休克、绞窄性肠梗阻、肠扭转、肠伤寒穿孔、消化道大出血、胆汁性腹膜炎、胃穿孔合并弥漫性腹膜炎、腹部膀胱直肠尿道伤患者；两例胆道感染合并中毒性休克的患者，采用中西医结合非手术方法治疗；周围神经根炎（无自动呼吸，持续特护，完全靠人工呼吸达一个月之久，病人已基本痊愈，即将出院）、心肌梗死（一例合并胃穿孔）、DDV中毒（一例呼吸心跳停止数分钟）、脑血管意外、肺心心衰（如一内抢救心力衰竭患者18例，其中有数例心衰Ⅲ患者）、小儿重症消化不良、溺水、难产等患者。

克服了人少事多、任务繁重的困难，不少同志工作是夜以继日，如妇产科克服了困难，较好地完成了收治任务。有的同志夜班下来，又参加劳动，工作不分轻重，不分彼此，需要干什么就干什么。有一些同志带病坚持工作，如有的同志血压很高，一直坚持战斗。

后勤供应、物质药品器材的供应虽然存在一些问题（主要是组织领导问题），但后勤和辅诊的同志做了大量工作，如炊事房同志，人员条件困难，常常无水无电，他们千万百计克服困难、努力搞好伙食，保证大家的生活。

同志们兢兢业业地做了大量工作，努力为灾区人民服务，获得了群众的好评，表扬信、感谢信、镜框收了不少。有的同志谦虚，送来后放了起来。如一例甲状腺巨大肿瘤的患者，多方诊治，没有解决问题，并合并了严重的心脏病。他来院手术治疗，恢复了健康。病人感动地说：医疗队搬掉了压在我脖子上十七年的一块大石头。又如伤骨科的病人，写表扬信等等。

（二）……我们医院由四个大单位、近十个小单位的同志组建起来，有军有民，也有本地的同志，有外地的，为了一个支援唐山灾区人民的共同目标来到一起共同工作，加强在毛主席革命路线基础上的团结，搞好军民团结、内外团结，互相学习、互相支援、互相谅解、同心协力、共同战斗就十分重要。总的情况是好的，形势是好的，在一起共同工作的许多科室，团结战斗的气氛也是好的。工作互相支援，互相帮助，协助战斗。如最近凡有重伤重病抢救，都是协同作战，随叫随到；有重危病人、疑难患病，互相商讨会诊；有困难互相支援，如一内一外派出护士支援小儿科，支援二外；共同外出抢救食物中毒〔患者〕等。

和林西矿医院团结协作，搬迁抗建期间，林西医院为我们创造了许多方便，主动支援，三院领导同志也是尽力帮助解决我们工作中的困难；我们也为林西医院承担一些任务，共同研究解决一些疑难病例症等等。

又如有一天我们搬菜，天晚了，人手不够，中院、国际妇幼同志主动支援，共同搬运，这些都反映了我们团结协作的气氛。

（三）……当前我们在严重的灾区，执行抗震救灾任务……克服"三大作风"（大城市、大医院、大医生）和"等、要、靠"思想，急灾区人民所急，想灾区人民所想，有条件上，没有条件自己创造条件努力上，是我们始终要坚持和贯彻的。

在这方面，医院进行了自力更生、艰苦创业的教育。同志们克服了重重困难、努力创造条件，搞好工作。如病区的设备没有就自己动手做，各个科室做桌凳、药架、病历架、靠背架、输液架等设备189件……当收了烧伤病人、运用暴露疗法，室内温度低怎么办？他们就自己制作烘烤架子，装上灯泡，解决了这一困难，使病人及时得到了治疗。

……如五官科在条件十分困难的情况下，改善环境，创造条件，门诊达7000人次。没有牙科医生，自己摸索着干，拨牙达513人次，90%使用了针麻。他们还用腕踝针治疗了不少病人。如18岁女孩头颅外伤后，右眼失明，已无光感，经腕髁针治疗，最后视力恢复到1.5，复查三次已巩固。针灸、妇科伤骨科充分发挥了中医方法的的特点，治疗了大量病人。

防治组的同志，采取中草药，自己动手制成煎剂，防治肝炎和老慢支，取得一定疗效；他们和群众一起动手修建群防群治站，逐渐把三个街道的防治站建立了起来，受到群众的好评。

污物的处理、被服的清洗，一直没有得到很好的解决。辅诊的同志（手术、化验、供应）、妇产科的同志，担负了大量的清洗工作，基本保证了医疗工作的正常进行。特别是一区外科的几位护士同志，克服了重重困难，把病区积压的60件被套、大单等清洗出来，在寒冷缺水的情况下，这种精神确实是可贵的。

供应室的同志，克服了经常搬迁、阴雨不断、没有炉子等等困难，保证了全院料敷器械的消毒供应；药房同志努力组织药源，保证供应；X光科在设备没有装好、电源不稳定的情况下，充分发挥10毫安X光机的作用，担负了大量的工作，还主动争取林西医院的支援。

我们和地方工程队同志共同战斗，参加了扩建翻修病房的劳动，参加了大量过冬准备的劳动，克服困难，锻炼思想。

总之这些方面的好人好事很多，就不一一例举了。

三 存在的问题：

事物是一分为二的，在正确估量我们工作成绩的同时，必须看到当前存在的问题，要有足够的重视和严肃认真的对待。我们是革命的医务工作者，即使我们救治好一万个病员，抢救了一千名患者，这是我们的责任，是应该做到的；但由于我们工作上的疏忽，给阶级兄弟伤病员造成任何不应有的损失，增加病员的丝毫痛苦，都是不应该的，决不能被允许的。

（一）当前工作中存在的问题，表现在以下几个方面。严格地说根本原因在于领导，责任在我们领导，说明我们工作作风不够深入，管理不大胆，要求不严格，对一些倾向性的问题，抓得不够有力，缺乏用阶级斗争的观点分析和处理问题的能力，往往就事说事，抓不透，提不高，反映了我们领导阶级斗争、路线斗争觉悟和思想认识水平不高。还有一些是组织、人员、设备和后勤保证上存在的问题，也有待于我们认真地解决。

（二）主要问题：群众对我们反映并不好，有一位外地在唐山工作的领导同志对我们当面讲"门诊三长一短，有的医生工作作风，生硬"。和我们一起工作的同志反映病员的意思说："服务态度不好，上海医疗队臭了，技术上不去，服务态度很不好，不如上一批医疗队，那时大字报表扬信很多，现在不那么看到了。"有的病员和家属当面指责和批评医务人员等等，这些当然不一定反映全貌，但应当引起我们的重视。

① 首先指出我们在医疗作风上存在的问题。

粗枝大叶，有的甚至不负责任，有的因工作粗糙、检查马虎，延误诊断，造成死亡；有的抢救不及时、不够有力，造成死亡；有的死在门诊观察室；有的病人曾看过门诊，查不出疾病，把病人放回去死在家中。在工作中出了问题，又缺乏严于责己的态度。

病史记录草率，检查马虎，多次发现高危患者，没测血压；有的只听病人口诉，就下药治疗。

有的对收治病员踢皮球，推来推去，病人送入病区推绝收治。

有的嫌病人脏，缺乏深厚的无产阶级感情，不认真去给病人护理，听之任之。有的同志值班，巡视病人不多，坐在办公室讲"山海经"津津有味的。

有的同志对病人态度生硬，遇到问题缺乏耐心细致的解释，缺乏满腔热情、想病人所想、急病人所急，甚至还训斥病人和陪客，至于病区发生的差错缺点事故苗头，我们不一一举例了。

这些是不是资产阶级医疗思想作风？是不是城市医务卫生部门的流毒在我们一些同志的思想上作怪？

② 病区的管理、发展也不平衡，有的好一点，有的差一点，共同的问题是：病区的政治空气不浓，有的还没有把病员和陪客组织起来学习和批判，关心当前的大事；陪客太多，有的病区陪客比病员还多，造成病区秩序乱，医生在查房，陪客在那光打牌；有的人随便可以住在病房内，不管大人小孩、男的

女的，陪客多造成病员伙食的困难，病区卫生差，很不整洁，有的同志说像小菜场，有的说像旅馆。根据目前的条件，病区是可以管理好的，问题在于我们是否认真负责。

③ 规章制度订立了一些，有的科室做得好，有的科室做得差，有的还没有建立必要的工作程序和规章制度，如□□讨论、疑难病例讨论，有的科室一直没有做；有的交接班马虎，缺乏认真交接手续和详细记录，往往造成工作中的漏洞。比如岗位责任制，分工负责，按级负责，担负什么工作，就要负起责任来。多数科室负责同志都是认真负责、兢兢业业地工作，但也有的分工在身，责任心不强，对自己所辖范围内的工作，抓得不紧，管得不严。

是因陋就简、勤俭办院，还是大手大脚？是自力更生有条件上、没有条件自己创造，还是"等靠要"？是珍惜爱护公物，还是铺张浪费？安排工作时，是首先考虑伤病员的利益，还是首先考虑自己？这是两种思想、两条道路的斗争，也是我们办院中的一个大问题。这些方面反映出来的问题也是存在的，比如用药方面，大手大脚……

主动争取地方党委和原单位党委的领导，及时反映情况，汇报工作，争取解决人员、设备、物质保障上存在的一些困难。

建立健全、必要的规章制度，加强劳动纪律，如全院行政查房，开现场会议，对口检查，开各种类型座谈会，组织纪律检查、服务态度服务质量的检查等等。

关于政治学习，政工组另有总结和计划。

第二抗震医院

1976年11月22日

中医系统全体队员回沪汇报提纲*

同志们:

7月28日,河北省唐山、丰南一带发生强烈地震,并波及天津、北京,使人民的生命财产遭受很大损失,尤其是唐山市遭到的破坏和损失极其严重。……

我们上海医疗队,响应伟大领袖毛主席和党中央的战斗号召……于7月29日、8月4日分两批共2000多人来到了唐山、丰南地区。我们中医系统162名同志分别在唐山机场和迁西县城郊,和唐山、迁西县的广大共产党员、革命干部、工人、贫下中农、人民解放军一起,共同战斗……

下面汇报一下我们的感受和体会。同志们,今天我们汇报的题目如下。

关切的关怀 巨大的鼓舞

…………

中央慰问团副团长陈永贵副总理,7月30日下午接见了上海抗震救灾医疗大队的领导和部分队员。陈副团长对上海抗震救灾医疗队的即时赶到灾区表示满意,并对上海医疗队的全体同志表示慰问。这一喜讯激动着我们每个抗震救灾的医疗队员。大家为灾区人民服务,实行救死扶伤的激情更加高涨,纷纷请战,要求能分配到灾情最严重、伤员最多、条件最艰苦的地方去,承担最繁重的战斗任务。

7月31日清晨,上海抗震救灾医疗大队部召开指导员、队长会议,同志们看到了中央慰问团的帐篷早就搭好了,陈永贵同志已紧张地进行工作,我们每

★ 根据上海中医药大学馆藏档案整理。

个同志无比激动，大家深有感触地说："中央首长就在我们身边指挥我们战斗。我们还有什么困难不能克服呢！这充分说明我们中央首长永远和人民心连心。"

…………

党中央理论刊物《红旗》杂志也派出代表，专程到唐山地区赠送今年第八期《红旗》杂志，并慰问灾区人民。河北省委在唐山机场成立了抗震救灾指挥部，省委书记刘子厚同志亲临第一线指挥战斗，28日当天就组织了一千四百多辆汽车，从石家庄出发，昼夜赶运了四千多吨急需的救灾物资。

全国24个省市以及解放军向唐山、丰南地区派出了两万多名医疗队员。辽宁省在地震发生的当天，就立即派出一批医疗队，他们到得最早，人数最多，有三千多人。……

在我们护送重伤员到外省市的时候，又亲眼看到一幅幅动人的情景，如：济南机场运送伤员的飞机刚一降落，早在机场等候的当地党政军负责人马上迎接上去，并对伤员一一进行慰问，担架队、救护车整齐地排着队，医务人员及时地给伤员进行了检查、抢救、分类，把他们担运上车，由医务人员护送到各有关医院。

我们在唐山机场，看到了全国各地运来堆积如山的物资，有各式各样的帐篷，大批塑料布、油毛毡、芦席、大米、面粉，有北京、上海运来的医药器材、衣、裤，石家庄、青岛、大连运来的饼干、食品，邯郸运来的铝锅，江西运来饭碗，邢台运来的竹筷，长春第一汽车制造厂送来了数以百辆计的刚出厂的新卡车，并配了驾驶员，其他的还有马灯、蜡烛、蔬菜等等，应有皆有，数不胜数。各种牌号的汽车、运水车、救护车，在机场日日夜夜地装卸奔忙。飞机每天有三百多架次，卸下物资，又载上重伤员飞向各地。整个机场呈现着一派紧张战斗的革命景象。

…………

当时河北省委还为上海医疗队送来了十筐苹果，我们一个也没有吃，全部转送给了伤病员。迁西县委第一书记，在地震后几小时就到唐山地区帮助工作，他几次带口信给在迁西的上海医疗队表示歉意，说不能来看我们。从各级党组织和领导同志对医疗队的关怀中也可以看到他们与灾区人民是如何心连心的。

…………

在我们医疗队驻地机场上有一个解放军某部的卫生队，队长冯天泰家住在唐山，在地震中，有两个小孩子死亡，爱人也受了伤。领导和战友们要他抽点时间回家探望一下。为了用更多的时间和精力带领全队战士抢救伤员，他始终不肯回家探望，坚守战斗岗位。他说："党的期望、人民的需要就是我的岗位。"后来，他爱人找到机场来，告诉孩子遇难的噩耗，他没有掉一滴眼泪，没有一丝离开机场回家看看小孩尸体的想法，相反，他还鼓励爱人，忍住悲痛，一起参加抗震救灾工作。

有的坏家伙还幸灾乐祸地说"还是地震好，没有吃到的东西吃到了，没有看到的东西看到了"，有的制造反革命谣言，有的呼反革命口号，有的强奸受伤的女病员，有的盗窃国家和人民的财产，所有这些党内外的阶级敌人，都没有逃脱无产阶级专政的惩罚。在我们刚要离开唐山时，他们正在狠狠打击一批反革命分子。我们医疗队的同志们，在抢救伤病员的同时，也不忘阶级斗争这个纲，就在我们龙华、曙光、岳阳三个医疗队帐篷的旁边，我们队员发现几个行迹可疑的人混在病员之中。他们白天在家睡觉，晚上出去活动，大家生活都很困难，他们却用了一锅子油炸东西吃。我们立即把这些情况报告了当地解放军同志，结果查出是一个盗窃小集团。

上海医疗队战斗在唐山

战斗在唐山的抗震救灾医疗队共有两万多人，来自好多个省市。其中上海医疗队有二千人左右，我们中医学院医疗队共有162人，分两批奔赴抗震救灾第一线。我们医疗队分布在唐山机场八大处和迁西县两处，以后迁西县又根据河北省抗震救灾指挥部的统一安排，到开滦林西矿开设医院。

我们医疗队的任务是抢救、治疗、转运伤员以及卫生防疫、培训赤脚医生、恢复合作医疗的工作。

在唐山丰南一带遭到强烈地震后，同志们都把灾情当命令，迅速动员起来，许多医务人员克服了家庭中的种种困难踊跃报名，坚决要求到抗震救灾第一线去，为灾区人民服务。有的不顾爱人生病，把家里困难放在一边；有的爱人刚从外地回来探亲，仍坚决不要组织照顾；有的同志刚下班回家，尚未歇脚就接到通知，连爱人也没告别就立即赶到医院报到；有的同志在出发前连续上夜班，没有休息就乘车奔赴抗震救灾的第一线。工宣队王石明师傅隐瞒父亲肠癌病情严重，而再三坚决地要求去灾区，他说作为一个新党员应去经受考验，誓为共产主义奋斗终身。

我们中医学院第一批抗震救灾医疗队，在28日接通知后，不到两小时就整装待发，29日清晨踏上了奔赴唐山的专车，到了抗震救灾第一线。车上传达了市里有关领导的指示，要我们医疗队把党中央毛主席和上海一千万人民的关怀和慰问带给灾区，要艰苦奋斗，努力为灾区人民服务。此时我们的心早就飞到了灾区前线。此时大家只有一个心愿，快！把党和毛主席的关怀送到灾区人民心坎上。快！时间就是生命。时间就是胜利。

我们专车开到了天津杨村机场，改乘飞机去唐山。上海医疗队大队部何秋澄等同志召开了队长指导员会议，这是一次战前动员会议，详细介绍了地震对唐山丰南一带造成的严重破坏，以及暂时出现的断水、断电、断交通等严重情况。那时地震还在继续，随时都可能发生各种意外。但全体医疗队员明知征途有艰险，越是艰险越向前，纷纷向大队部请战，要求分配自己到最艰苦、最危险的地方去。我们的党员同志互相勉励，在这困难的环境里，要关心群众，以身作则，起好先锋模范作用。不少团员青年纷纷向指导员递交了入党申请书，要求党组织在火线上考验自己，争取早日成为一名无产阶级的先锋战士。

来到唐山的第一天，我们是在机场席地而睡，头上是满天星斗，席下是青草丛生，身边是机声隆隆，清晨的露水为我们洗尘。就这样我们开始了抗震救灾的战斗生活。

尽管旅途疲劳，生活艰苦，缺水露宿，白天太阳烤得大家浑身湿透，咽不下压缩饼干，但大家不想休息，心想着受伤的阶级兄弟。大家表示要发扬勇敢战斗、不怕牺牲、不怕疲劳和连续作战的作风，早救护一个阶级兄弟，就是对革命多一份贡献。

唐山人民是英雄的人民。来到唐山后，我们为唐山人民顽强战斗的革命精神和他们对党和毛主席的无限热爱而深受感动、深受教育。唐山人民给了我们巨大的力量。这里介绍一下我们医疗队见到的英雄司机的光辉事迹。他的名字叫张连义，不满30岁，在开滦煤矿工作。地震发生后，他受了重伤，左腿骨折，左脚压伤大量出血，但他被救出后，以惊人的毅力把一车车伤员送往一百多里外的迁西县医院。断腿伤脚驾驶汽车一百多里地，这要多么坚强的意志，要忍受多么巨大的痛苦。开滦煤矿的工人不愧是特别能战斗的工人阶级，只有毛泽东思想哺育的工人，才能创造这样的奇迹。由于出血，当时对他进行了结扎止血，但因止血时间过长，下肢坏死以后只好截肢。当我们医疗队看到张连义同志时，他的左下肢已被截去一半，伤口暴露已腐烂，而且股骨颈骨折，没有接上，臀部背部都是褥疮，全身情况很不好，体温39℃，可以想象这样的病痛对张连义是多么大的折磨。当我们医疗队的同志听县委同志介绍了他的英雄事迹受到很大教育，他的事鼓舞着每一个医疗队员，形成一股巨大的动力，要以英雄司机为榜样，全心全意为伤病员服务，一定要把张连义同志的伤治好。同志们热情地帮小张擦洗换药，截肢的创口已腐烂，黄绿色的脓连着肉挂下来，腥臭难闻，但同志们不管脏臭，认真细致地做好治疗。面对这样的伤痛，小张咬着牙，从来没有哼过一声，这就是唐山人民的革命精神。

　　我们见到一个截瘫的伤员，家属均死亡了，但同志们照顾得很好，真是阶级情谊比海深，同志们照顾亲又亲。我们在农村巡回时，见到一个三岁的孩子，家中五口人，三人均已死亡，父亲也因重伤转往外地治疗，现在照顾他的是隔邻的婶姨们。地震给每家每户都带来了困难，但阶级的情谊胜似娘亲。

　　我们在迁西县还看到一个贫农老大妈，她女儿正好在唐山开会遇了难，面对亲人的死亡，她没有流泪，当她听到毛主席和党中央的慰问电时，激动地流了泪，并把自己仅存的十元钱捐献出来，支援抗震救灾斗争，十元钱数字虽然不多，但包含的阶级感情却很深。像这样动人的事例，在唐山处处可闻、到处可见，给我们医疗队极大教育。大家感到我们一定要把毛主席对灾区人民的关怀，把一千万上海人民的心意带给灾区人民。为了能更多地为伤病员服务，我们主动地到公路旁找运输伤员的解放军联系，让他们把伤病员送到我们医疗队驻地来。

大家感到能为唐山人民多做些工作是我们的本分，是我们最大的幸福。

来唐山后，医疗上遇到不少的困难，药物器材不足的矛盾很快就显现出来。截瘫病人排不了小便就有尿中毒危险，骨折病人没有夹板不能固定，没有止血药给抢救造成困难。面对困难，怎么办？唯一的办法是自力更生，向困难作斗争。没有弯盘盛器，我们就用碗代替，没有外用药水就自制生理盐水；没有导尿管就将补液塑管消毒备用，缺少药物就采集草药，用一根针、一双手为唐山人民服务。在治疗中，我们发现很多伤员受压后出现臂丛神经损伤、桡神经和腓总神经瘫痪，给伤病员带来很大的痛苦，不利于伤员早日抓革命、促生产。我们就采用电针治疗，当一根根闪耀着阶级情意的银针扎进伤员的穴位，电脑仪的红灯不停地跳动时，我们的心情也无比的激动，一次两次反复治疗后，不少病员的伤情都有了不同程度的好转。大家说困难逼我们，逼出了中西医结合的一条路，我们战备医疗队就要从实践出发，因地制宜，就地取材，解决困难，看起来好像是小事，但意义重大，体现了医学发展的方向。

在上海医院里，做一般外科手术是极平常时事，但是在唐山灾区就不是那样简单。

8月3日深夜，解放军给我们送来了一个腹痛的患者，经我们检查是胃十二指肠溃疡穿孔并有弥漫性腹膜炎，需争取时间进行紧急手术。此时同志们忘了一天的疲劳，纷纷起来积极准备手术，不分内科、外科，医生、护士，大家抢着做。有的生火，有的打水，准备器械、敷料和药品，热气腾腾地干开了。麻醉师丁医师从我们一踏上征途就得了荨麻疹，越发越厉害，奇痒难熬；关节炎疼痛又发作，走路也困难。此时丁医师把自己的病痛丢到九霄云外，为病员认真地做了硬膜外麻醉。腹腔打开了，大量腹腔液、胃液涌了出来，没有吸引器，就用针筒接着导尿管一筒一筒地吸出来。在十二指肠部前壁有一个不小的穿孔，是跑腹穿孔，腹腔感染严重。因穿孔时间过久，我们决定做修补术，为了减少照明的盲区，有的同志高举手电进行照明，手疼手麻又算得了什么，一切为了病员着想。苍蝇、蚊子闻到血腥飞来，同志们派了"防空哨"，保卫手术的安全进行，这样的手术在城市里是算不了什么的，但是在这样的环境里，却凝聚着多少同志的阶级友爱和深厚情谊啊！术后大家精心护理，观察病情，补液抗感染。经过两周的治疗，病员逐步恢复了健康。当病员回家时我们有一个医师陪同前往，向当地赤脚医师详细介绍了病情，交代了注意事项。病员激动地说：我这个病只有在新社会、在毛主席党中央派来的医疗队才会得救。在旧社会我这个病——特别是在这样强烈地震造成的灾害面前——是不可能得救的。

晚上常常会送来一些重危病员，对于晚上来的病员，我们的同志从未推过一次，总是争先恐后，热情接待，积极治疗。

对于送来的危重病员，医疗队总是全力以赴认真抢救。一天中午，石家庄医疗队在转送一个截瘫病员的过程中，因天气炎热，病人突然昏迷了，送到我们医疗队的驻地。同志们给病员做了仔细检查。病员中暑，发烧41.5℃，血压70/40Hg，严重脱水。同志们忙着给他补液、擦浴，准备导尿，给予药物治疗。经过两小时的紧张战斗，患者体温逐渐下降，血压逐步上升。经过大家精心治疗护理，终于转危为安，之后再转送外地治疗，博得了家属和石家庄医疗队的好评。

一天晚间，送来了一个患急性肾炎的14岁女孩，她的父亲是开滦煤矿的工人。当时患者血压高达150/120—130Hg，神志不清。为了抢救英勇的唐山人民的好后代，同志们争先恐后地起床，积极治疗，通宵值班，观察。到清晨患者血压又见上升，并且出现了昏迷，抽搐，两眼斜视。当时我们考虑可能是高血压脑病引起的症状性癫痫，不知是否还有其他可能，病情显得很危急。当时各个队降压药都没有带。在连利血平都缺少的情况下，同志们一面沉着抢救，一面向河北省指挥部请求支援，领导同志专门为我们调来了一辆吉普车，让我们到地区医药站去看看有什么药。当时地区医药站经过抢救已扒出了不少药物，当他们听到是为了抢救需要，就把利血平以及仅有的几盒苯妥英钠给了我们。一院、静安中心医院等单位的同志也闻讯赶来帮助出主意。经过努力，病人病情终于稳定下来。后来因为即将撤离，我们把病孩转院治疗。那一天孩子的父亲拉着我们医疗队员的手，激动地说："我真舍不得孩子离开这里。你们真是毛主席派来的好大夫，我只有今后更好地工作，来报答党和毛主席对我们唐山人民和煤矿工人的关心。"

我们医疗队没有妇科医师，但接生了两个新生命，一个叫抗震，是男小孩；一个叫海唐，是女小孩。抗震，表示唐山人民战天斗地的革命精神；海唐，表示唐山和上海人民的战斗团结和革命情谊。

在毛泽东思想的哺育下，在唐山军民英勇抗灾的革命精神的鼓舞下，我们医疗队的好人好事层出不穷。岳阳医院的程小平同志，到唐山之前在瑞金医院进修，听说要去唐山抗震救灾，她马上回院，主动请战，在出发时，她连母亲都没有来得及告诉。来唐山后，她负责器械消毒工作。……她经常放弃休息，在骄阳烈日下为器械消毒而汗流浃背。在队内她总是第一个起床，最后一个睡觉，为保证供应，每天从早忙到夜。同志们称她是"我们的好管家"。最近中共中央、国务院在北京召开庆功大会，庆祝抗震救灾斗争取得的伟大胜利，程小平同志光荣地出席了会议。

我们中医学院几个医疗队还坚持到机场外的农村巡回医疗，走赤脚医生道路，送医送药上门。大家在当地赤脚医生陪同下，挨家挨户进行访问，有病治疗，无病慰问，把毛主席的温暖送到贫下中农的心坎里。

到唐山后，地震还在不断发生，最大的一次达6.2级，地震所造成的严重破坏，给我们医疗队生活上也带来了不少困难。有些困难对于长期生活在城市的同志来说是很难想象的。我们到达唐山时，正是最炎热的夏季，白天最高温度有摄氏36度，抢救伤员，大量流汗，多么需要水，但是，开始供应水是很困难的。平时吃得很香的压缩饼干，缺少水也实在难下咽。上海知道我们医疗队在缺水的情况下坚持战斗，专门派飞机在运送救灾物资的时候，为我们医疗队送来了一吨苹果。我们把这一吨苹果的大部分转交了灾区人民。当我们拿到这些苹果时，想到全市一千万人民对我们这样关心，激动的心情久久不能平息；想到我们有这样强大的后盾，都充满了战胜困难的必胜信心。队员们说：苦不苦，想想红军二万五；累不累，想想革命老前辈；为了解放全人类，再苦再累心也甘。

抗震救灾前线也是我们知识分子改造世界观的极好场所。

8月7日深夜，唐山地区暴雨倾盆。我们龙华医疗队的帐篷内浸水没踝。同志们起来急忙收拾行军包，把药品机械等搬到高处，并探视了病员。到深夜一时多，帐外继续下大雨，我们深受唐山人民战天斗地、重建家园的大无畏革命气概的教育和鼓舞。这时，大家开了个赛诗会，用诗歌表达向唐山人民学习的体会，发扬革命乐观主义精神。大家站在水中赛诗，共献诗28首。后来《解放日报》发表了我们赛诗会的消息，并选登了好几首诗。我们都不是诗人，也从来没有写过诗，但火热的战斗生活，唐山人民抗震救灾的革命精神，给了我们极大的感染和教育，英勇人民战天斗地的革命气概是我们学习的榜样。

…………

临别前，河北省委书记刘子厚同志及省委其他同志亲自接见了我们医疗队各队负责人，对我们的工作作了表彰和鼓励，还给我们颁发了锦旗。省委负责同志和唐山人民群众、红卫兵、红小兵敲锣打鼓，到车站送行。回来后市委和驻沪三军的领导又亲自到车站来迎接，即将出国访问的中国上海艺术团为我们作了专场慰问演出。所有这些将激励我们，在继续革命的道路上永远前进。

…………

目前上海赴唐山地区医疗队大部分都回来了，遵照河北省抗震救灾指挥部和上海市委的指示，上海医疗队还留下六百多人，分别在唐山市区、唐山市东矿区、玉田县和丰润县等四个地方办抗震救灾临时医院，他们继续代表上海一千万人民，对灾区人民表达我们的关切慰问和阶级情谊，在当地党组织的领导下，和受灾地区军民一起，艰苦顽强地战斗着。

…………

岳阳医院朱锡坤医生的先进事迹*

我们医疗队的干部、医师、护士在唐山抗震救灾中……迎着困难上，工作抢着干,如岳阳医院朱锡坤医生，是一位年资较高的内科医生，不仅认真做好内科的诊断、治疗，不分白天黑夜出诊，并参加巡回医疗外，还认真做好外、伤科和护理工作，积极参加换药、打针、导尿、送水、喂饭等工作，并主动参加伤员搬运、转运重伤员和医疗队药品器材的搬运工作，而且还积极搞好清洁和大家的伙食工作。每天他总是一有空就出去拾柴烧火，刷锅洗碗，洗菜煮饭。在缺乏供应的情况下，他因地制宜，想方设法把菜烧得可口些，使大家精神更充足地投入战斗。同志们风趣地夸奖朱医生说："巧媳难做无米之炊，我们朱医生大大地胜过了巧媳妇啊！"

朱医生想灾区人民所想、急灾区人民所急，他说："灾区人民的痛苦就是我们的痛苦，我们和唐山人民心连心哪。"有一次一位年方44岁的病人，因左下肢严重挫伤，步履不便而结便四天，想便而又不能自行排出。在痛苦的呻吟中，内科朱医生在旁心如刀绞，怎么办？此时他耳边想起了毛主席的谆谆教导："我们所做的一切都是为人民服务的。"又仿佛看到了白求恩大夫不远万里来到中国，看到了李月华撑着虚弱的身体在抢救贫下中农，想到这浑身增添了力量，毅然伸出手指挖出了干结的大便，病人深深地舒口气，是什么力量使他不怕脏，是什么力量鼓舞着他，是主席的教导，是白求恩、李月华，是唐山人民的英雄气概，解放军的光辉榜样。

朱医生利用空余时间或者结合工作，向青年医护人员认真讲解内科疾病的诊断治疗的理论和经验，和同志们一起，边干、边学，得到同志们的好评。

★ 根据上海中医药大学馆藏档案整理。

上海中医药大学赴唐山抗震救灾医疗队员名单

院本部

第一批

王石明	王连宽	王 禹	王俊杰	方惠盛	冯 骤	李占文
杨巧凤	杨莲珠	束长英	余小明	张万利	张令铮	陆元元
陈光德	陈志萍	陈国发	陈国贤	胡梅娣	徐月英	徐成雍
翁志芳	戚兆建	鲁孟贤	潘鑫元			

第二批

| 刘兰英 | 李巧珍 | 杨德煊 | 沈龙根 | 张润生 | 梁 联 |

第三批

| 王 健 | 司绍志 | 陈惠英 | 周吉燕 |

岳阳医院

第一批

王 群	朱锡坤	李兆基	吴振岳	吴 斌	应宝珠	张凤珍
张银凤	周 蓉	侯筱魁	俞士芳	洪才裕	施忠传	徐立强
徐秀卿	程小萍					

第二批

| 刘岚庆 | 朱金鸣 | 张佩华 | 张敬宪 | 范金娣 | 宗志国 | 金 玮 |
| 唐民旺 | 柴忠胜 | 凌 康 | | | | |

第三批

| 朱振萍 | 李兆基 | 吴宝贞 | 汪琪昌 | 张云珍 | 张银凤 | 陈遥丽 |
| 赵文伟 | 徐立强 | 徐侍平 | 凌 康 | 唐国章 | 黄可琴 | |

第四批

| 王守玲 | 王明芳 | 王莉芳 | 王 群 | 毛尉兰 | 朱福庆 | 任国兴 |
| 江雅珍 | 李心菊 | 余有富 | 张建平 | 陈家莉 | 宣燕敏 | 曹忠良 |

崔丽华　　虞伟琪

龙华医院

第一批

马贵同	王治民	韦恩庆	史文英	吕素萍	朱培庭	任　清
华英兰	刘爱珍	刘铭昇	齐一轩	许月仙	苏培敏	李志道
李祥云	杨志良	张玉琴	张福源	张耀忠	陈汉平	
范炳宽	林水淼	金志刚	周　端	周德明	钟范英	姜林琴
洪嘉禾	姚楚芳	顾国民	高庆栋	曹忠良	曹金枢	盛淑瑾
梁晓顺	梁新敏	葛蓉业	程子成	舒兴才	童　瑶	蔡信尧
熊鸿德	樊金花	戴钟秀				

第二批

任　洁	苏蓓敏	邱佳信	张玉琴	葛荣业

第三批

于洁澄	万育华	王观生	王宗莹	仓玉卿	齐一轩	许　群
李静君	杨慧君	何梅芳	邹月娟	沈妙凤	张逸生	张淑莲
张静喆	陈兴元	陈卓君	金上钰	郑萍萍	赵银珍	洪嘉禾
徐长生	郭天玲	唐明扣	黄冬萍	曹中平	阚天秀	穆道明
瞿秀华						

第四批

王大增	王玲芳	田小华	吕素萍	朱大年	朱美丽	刘　军
刘梅英	吴诚德	何　萍	沈元美	陈云影	陈菊金	武和平
林致森	金鹤鸣	周天基	洪佩君	姚丽娟	姚培发	姚碧耀
徐正福	黄　华	龚林发	蒋永芳	蔡根娣	黎　明	

曙光医院

第一批

于志影	王芝芬	王培华	石娟娟	邢建华	朱生樑	朱稼雄

刘伟林	严明新	杜振邦	李仁庆	李传祺	李　洪	李惠芬
杨玉珍	杨　红	张亚娣	陈世莲	邵青福	金为群	金志刚
金丽英	夏德颐	钱忠良	徐敏芳	郭　忻	黄松新	戚根良
盛明怡	董遐玲	缪永强	黎　健	潘维明	霍佩兰	

第二批

| 上官步荣 | 乐爱莉 | 吴金良 | 陆传书 | 陈月娥 | 郑平东 | 孟　秋 |
| 项立敏 | 顾双林 | 顾惠芳 | 羔　平 | 黄　群 | 曹民怡 | |

第三批

马光炎	王玉英	王志源	朱凤仙	朱廷芳	朱炜敏	庄美林
刘　莹	刘惠英	刘福官	孙小朝	杜照芬	吴志清	张桂芳
张黎华	张亚娣	邵青福	陈守妹	周国林	周桂华	赵蕴胄
钟念文	夏德颐	钱　娴	徐　健	郭红宝	郭　汾	董春娣

第四批

王佩华	支惠萍	吕阿妹	刘伟林	刘惠英	江国雄	严小蓓
杜蕴仙	李广塘	李伟正	李志春	杨凤玉	吴正康	吴坚毅
余志鼎	陈先觉	范瑛华	单思清	施玉铭	俞锦敏	袁于琴
徐菊英	徐慧智	黄忠芳	董惠芳	蒋琴芳	黎　明	

普陀医院

第一批

朱泳才	许玉珍	李建林	吴财娟	吴妙麟	张仲康	张阿法
张金福	邵玉龙	郁月明	尚孝堂	郑素琴	徐惠芳	殷月明
葛家骏						

第二批

万昌明	王伟光	王时杰	冯明煜	吕正华	许国庆	李钦康
李彩凤	吴国英	何　建	张乐华	陈铭玉	邵　燕	林　萍
郑慰祖	胡桂英	胡雅芬	凌爱琴	黄春喜	崔鸿元	章莲珠

上海市第七人民医院

朱莉敏　　沈丽青　　顾耀亮　　黄耀家　　盛玲娟

中西医结合医院

第一批

刘际美　　孙梅英　　李萍娟　　杨永年　　杨宏达　　何汉文　　应惠芳
沈小钊　　沈建人　　张秀珠　　范薇薇　　秦家融　　高岭梅　　韩士章

第二批

王长春　　刘章妹　　闵雅莲　　张慕亮　　陈青跃　　陈　翔　　孟志强
姚秀英　　袁光辉　　高　浦　　唐　瑶

第四批

朱莉玲　　全孝萍　　刘家白　　汤秀珍　　李　华　　应惠芳　　张凤娟
张玉兰　　陆世忠　　周志明　　郑　光　　胡玉兰　　胡国梅　　姜秀娟
倪念才　　高　浦　　黄敬璋　　程祖龙　　薛玲妹

后 记

　　偶然间，开始了对一件往事的"追踪"。一路的"追踪"，一路的感动。

　　40年前突如其来的一场大灾难，让唐山这座城市瞬间变为废墟，生命在灾难面前如此不堪一击，"上海医生"成为希望和生存的化身。

　　今天，我有幸走进这个群体，和他们一起重温那段难忘的岁月，和他们一起激动、落泪。国家需要，义不容辞，抢救生命，无怨无悔。在大灾难面前，"上海医生"用心中的大爱诠释了什么是以救死扶伤为天职，什么是崇高的人道主义精神。

　　当年上海赴唐山的医疗队员中有三百余人次来自于现在的上海中医药大学系统，队员们分属各个附属医院。采访、征集史料等具体繁琐的任务由附属医院的同事担当，除了完成平日里满负荷运转的医疗任务，他们热情饱满，不厌其烦，尽职尽责地完成了这项"多"出来的工作。

　　因为一件往事，我认识了一群令人尊敬的长辈，结识了一群可爱的同事。我为长辈们当年的奔赴感动，我为同事们今天的辛苦感动。两个不同时代的医生群体都对工作那么投入，这就是"上海医生"风采。

　　不论是在大灾大难来临时，还是在平凡琐碎的日常工作中，敬畏生命、热爱生命是医生永恒的信念。赋予了爱，医学不再只是一门学科，医生不再只是一种职业。在神圣的医学殿堂，医生从事的是一项伟大的事业。

　　虽有大灾心有大爱，灾难残酷总会过去，而医学散发出的温暖和感动是永恒的。

刘红菊
2016年7月

图书在版编目（ＣＩＰ）数据

上海救援唐山大地震. 上海中医药大学卷／何星海

主编. —— 上海：上海文化出版社，2017.8

ISBN 978-7-5535-0600-5

Ⅰ.①上… Ⅱ.①何… Ⅲ.①大地震 – 地震灾害 – 史

料 – 唐山市 – 1976②上海中医药大学 – 抗震 – 救灾 – 史料

– 1976 Ⅳ.①P316.222.3

中国版本图书馆CIP数据核字(2016)第165690号

发 行 人　冯　杰
出 版 人　姜逸青
责任编辑　罗　英　王文娟
装帧设计　董春洁

书　　名　上海救援唐山大地震·上海中医药大学卷
主　　编　何星海
出　　版　上海世纪出版集团　上海文化出版社
地　　址　上海市绍兴路7号　200020
发　　行　上海文艺出版社发行中心发行
　　　　　上海市绍兴路50号　200020　www.ewen.co
印　　刷　上海昌鑫龙印务有限公司
开　　本　787×1092　1/16
印　　张　16.75
印　　次　2017年12月第一版　2017年12月第一次印刷
国际书号　ISBN 978-7-5535-0600-5/K.101
定　　价　48.00元

告 读 者　如发现本书有质量问题请与印刷厂质量科联系 T：021-62038726